できる100の新法則

Google Search Console
グーグル サーチ コンソール

これからのSEOを変える 基本と実践

アユダンテ株式会社（村山佑介・井上達也）& できるシリーズ編集部

インプレス

著者プロフィール

村山佑介（むらやま ゆうすけ）

不動産会社のインハウスWeb担当者として4年間従事。インハウスを主体としたSEOやリスティング広告、アクセス解析に取り組み、Webサイト改善から業務の改善まで幅広く行う。現在はアユダンテ株式会社のSEOコンサルタントとして企業のコンサルティングを行う。

ムラウェブドットコム http://seo.muraweb.net/blog/

井上達也（いのうえ たつや）

システム開発とは無縁の環境からWebプログラマーの世界に飛び込み、5年間LAMP環境を中心としたシステム開発に従事。CMSやWeb APIの構築、ソーシャルゲームの開発や運用など多数のプロジェクトに携わる。アユダンテ株式会社入社後はこれまでの経験を生かしたSEOコンサルティングのシステム要件サポート、Googleタグマネージャを利用したサイト計測設定などを行う。

アユダンテ株式会社

2006年2月設立。SEOをはじめとしたWebマーケティング、コンサルティングと、ソフトウェア開発・運営事業に取り組む。2010年には日本初のGACP（Googleアナリティクス認定パートナー）となり、Googleアナリティクスプレミアムの販売、導入支援などにも力を入れる。

http://www.ayudante.jp/

まえがき

　Google Search Consoleは、Google検索に関する情報やサイト内のパフォーマンスに関する情報を取得することができ、その情報からサイトの改善を行うヒントを見つけられるため、企業のサイト担当者を中心に幅広く活用されています。

　しかし、サイト担当者の業務の範囲によっては活用方法がわからない機能があったり、エンジニアにとって有益な情報を得られるのにレポートの存在が知られていなかったりして、最大限に活用できていない企業やサイトも多いのではないでしょうか。

　本書ではSearch Consoleの機能だけでなく、サイト運営に有益な関連ツールも紹介することで、検索エンジンのクローラーだけでなく、検索エンジンを利用するユーザーにとってもフレンドリーなサイトになるような使い方や考え方を解説しています。

　Search Consoleは、もともとは「ウェブマスターツール」という名前で提供されていましたが、サイト担当者以外の人たちにも必要不可欠なツールへと進化してきたことから、2015年5月に名称変更しています。

　検索に深く関係するツールであるため、Search ConsoleはおもにSEOを目的として使用されます。SEOと聞くと検索エンジンに対して行う施策というイメージがありますが、検索を通じてサイトを訪問するユーザーに対し、有益なコンテンツを提供することを忘れてはいけません。本書を活用することで、あなたのサイトが検索エンジンとユーザー、そしてサイト担当者であるあなた自身にとって、より有益なものとなれば幸いです。

　本書の執筆にあたり、多くの方々に多大なご協力をいただきました。本書の企画、および編集にご尽力くださった、編集部の山田貞幸さん、各種事例を提供いただいたサイト担当者の皆さん。本当にありがとうございました。

2015年8月
著者を代表して　アユダンテ株式会社　村山佑介

目次

著者プロフィール …………………………………… 2
まえがき ……………………………………………… 3
目次 …………………………………………………… 4
本書の読み方 ………………………………………… 14

序章　Google Search Consoleの基本を知る　15

基本 1　Google Search Consoleの概要
Search Consoleでできることを知る …………………………………… 16

基本 2　サイトの追加と所有権の確認
Search Consoleにサイトを追加する …………………………………… 20

コラム　Search Consoleは検索に関わるすべての人のためのサービス …………… 24

第1章　クロールとインデックスの新法則　25

1　Googleの検索の仕組み
検索の裏で動く「クロール」「インデックス」を理解する …………………… 26

2　クロール、インデックスのために必要なこと
適切なクロールとインデックスに必要な4つの作業を理解する …………… 28

3　Fetch as Google
GoogleにサイトのURLを知らせてクロールを促す …………………………… 30

4　データの特性とダウンロード
Search Consoleのデータは定期的にダウンロードする ……………………… 32

5　メッセージの確認
Search Consoleからのメッセージにはすぐに対処する ……………………… 34

6　メール通知
メッセージはメール通知でいつでも気付けるようにしておく ……………… 36

7　使用するドメイン
「www」があるURLとないURLの混在を修正する …………………………… 37

8　サイトマップの追加
サイトマップを追加してGooglebotのクロールを助ける …………………… 40

9	インデックスステータス **インデックスされたページの短期間での減少に注意する**	42
10	サイトエラー **サーバー障害が原因のクロールエラーがないよう注視する**	44
11	HTTPステータスコード **エラーの対処に必要な「HTTPステータスコード」を理解する**	46
12	URLエラー（404）の対処 **404エラーはURLから原因を調べて対処する**	48
13	URLエラー（500、503）の対処 **500エラーの解決にはエンジニアに協力を依頼する**	50
14	閲覧環境の違いによるエラーの確認 **モバイル環境だけで起こるエラーに注意する**	51
15	URLエラーの修正済み処理 **確認や修正が済んだURLエラーを適切に処理する**	52
16	クロールの統計情報 **Googlebotの活動傾向からサイトの問題を読み取る**	54
17	クロールのブロックとインデックス拒否 **ページを検索させないための3つの方法を知る**	56
18	robots.txtの作成とテスト **robots.txtは設置前に必ず動作テストをする**	58
19	noindex **「noindex」でページのインデックスを拒否する**	61
20	URLの削除 **誤って公開した機密情報は検索結果からの削除を申請する**	62
21	インデックスステータスの詳細 **ブロックや削除をしたページの数を確認する**	64
22	レンダリングの確認 **Googlebotのレンダリングに問題がないか確認する**	66

23 テストしたページのインデックス送信
　　　回数の上限を意識しながらページの追加、更新を申請する ······················ 69

24 ブロックされたリソース
　　　CSSやJavaScriptを不用意にブロックしていないか調査する ················ 70

25 インターナショナルターゲティング
　　　多言語対応サイトで適切な設定ができているか確認する ················ 72

26 複数サイトとしての追加
　　　大規模サイトではディレクトリを別々のサイトとして追加する ················ 74

27 ユーザーの追加
　　　追加するユーザーには必要最低限の権限を設定する ······················ 76

コラム 豊富な「Googleウェブマスター」のコンテンツ ······················ 78

第2章　キーワード分析と最適化の新法則　79

28 SEOのポイントの整理
　　　SEO施策の流れと「改善で何をするか」を確認する ······················ 80

29 コンテンツ制作で注力すべき点
　　　全体の「わかりやすさ」とタイトルの「訴求力」を意識する ················ 82

30 リンクの種類と影響
　　　リンクがSEOに与える影響を正しく理解する ······················ 84

31 検索アナリティクスの操作
　　　キーワード分析の最重要機能「検索アナリティクス」を使う ················ 86

32 シークレットウィンドウの活用
　　　非ログインの状態にして公正な検索結果を見る ······················ 88

33 キーワードのフィルタ
　　　複合キーワードの一覧から補強が必要な点を見つけ出す ················ 90

34 ランディングページごとのキーワードの確認
訪問につながったキーワードは想定外のものまで調べる ……………… 92

35 ディレクトリごとのキーワードの確認
サイトのカテゴリーごとにキーワードの強弱を見極める ……………… 94

36 期間の比較
改善の効果測定は適切な期間を設定して比較する ……………………… 96

37 検索タイプ別の分析
画像検索から意外なキーワードを見つける ……………………………… 98

38 要改善キーワードの見つけ方
表示回数が多く掲載順位が低いキーワードから改善に着手する ………… 100

39 クリックされないページの改善
上位なのにCTRが低いときはアピール不足を疑う ……………………… 102

40 長期にわたるデータの比較
季節変動があるキーワードはダウンロードしたデータで比較する ……… 103

41 ページの評価に応じたデータの見方
評価が高まったページから次のコンテンツのヒントを探す …………… 104

42 Googleアナリティクスとの連携
GoogleアナリティクスとSearch Consoleを連携する ………………… 105

43 Googleアナリティクスでの分析
アドバンスフィルタでキーワードを自在に絞り込む ……………………… 106

44 モーショングラフ
施策の方向性に問題がないか指標の変動を動画で確かめる …………… 108

45 ユーザー行動の測定と改善
ランディングページの満足度を高めて直帰率を下げる ………………… 110

46 メールレポート
Googleアナリティクスを定期レポートに活用する ……………………… 112

47 コンテンツキーワード
サイトの重要なテーマが認識されているか確かめる ……………………… 114

48 Googleトレンド
検索ボリュームの変動からキーワードの将来性を探る ………… 116

49 キーワードツール
本当に効果的なキーワードを選ぶためのツールを利用する ………… 118

コラム SEOの進化で向き合う対象は検索エンジンからユーザーに変わった …… 122

第3章 ページやサイトの構造を整える新法則　123

50 HTMLの改善
タイトルとメタデータが問題となる原因を理解する ………… 124

51 ページのタイトルの最適化
タイトルは30文字以内の具体的な言葉で訴求する ………… 126

52 ページのメタデータの最適化
メタデータは最初の50文字で重要なことを書ききる ………… 127

53 タイトルやメタデータの重複の解決
大量の重複は設定やCMSの問題を疑う ………… 128

54 URLの正規化
重複が起きないようにページの正しいURLを指定する ………… 130

55 ページ分割と正規化
分割したページの正規化は各ページで行う ………… 133

56 ページ分割と重複の回避
分割したページは番号を付けて重複を回避する ………… 134

57 インデックス登録できないファイル形式の対処
リッチコンテンツには代替情報を用意する ………… 135

58 構造化データの概要
構造化データの効果と「リッチスニペット」を理解する ………… 136

59 構造化データの確認
サイトに未知の構造化データがないか確認する …………………… 138

60 パンくずリストの構造化
「パンくずリスト」を構造化してスニペットに階層を表示する …………… 140

61 構造化データテストツール
作成した構造化データが正しく認識されたかテストする ……………… 144

62 商品情報の構造化
リッチスニペット「商品」の構造化データを作成する ………………… 147

63 構造化データへの取り組み方
構造化データを取り入れるための長期的な視点を持つ …………… 149

64 データハイライター
サイトの記事を簡単に構造化してGoogleに知らせる …………………… 150

65 サイトへのリンク(外部リンク)
外部リンクの集まり方を見てサイトの現状を把握する ………………… 154

66 外部リンクのチェック
特徴的な外部リンクはスパムの可能性を疑う ………………………… 156

67 内部リンク
重要なページが内部リンクを集められるサイト構造にする …………… 158

68 サイトリンク
検索結果に「サイトリンク」が表示されることを狙う …………………… 160

69 サイトリンクのコントロール
適切でないサイトリンクは削除申請して入れ替えを促す ……………… 162

コラム ユーザーの目的に合ったデータベースをサイトや広告に生かす ………… 164

第4章　モバイルフレンドリーとページ高速化の新法則　165

70 モバイルフレンドリーの概要と影響
モバイルフレンドリーによる変化と影響を正しく知る ………… 166

71 モバイルフレンドリーの条件
モバイルフレンドリーに求められる条件を理解する …………… 168

72 モバイルユーザビリティ
現在のサイトにあるモバイルユーザビリティの問題を洗い出す ………… 170

73 レスポンシブウェブデザイン
画面の幅に応じてレイアウトを変える仕組みを理解する ……… 172

74 フォントサイズの適切な設定
フォントサイズは16ピクセルを基準に決める ………… 176

75 タップ要素の適切な設定
人間の指のサイズからリンクやボタンの配置を決める ……………… 177

76 モバイルフレンドリーテスト
モバイル対応が合格しているか判定できるツールを使う ……… 178

77 PageSpeed Insights
ページの高速化のために解決するべき問題を的確に知る ……………… 180

78 サーバーの設定による高速化
圧縮やキャッシュ活用によるサーバーの高速化を検討する ……… 183

79 画像の最適化
画像の使い方と圧縮を見直して転送時間を短縮する ……………… 184

80 コードの縮小
CSSやJavaScriptは最適化されたコードを使う ………… 186

81 不要なリダイレクトの防止
気付きにくい無駄なリダイレクトをゼロにする ………… 188

82 レンダリングの優先度
ユーザーが最初に見る部分を最優先で表示するコードにする ……… 189

コラム モバイル対応でおすすめするレスポンシブウェブデザインの利点 ……… 192

第5章　SEO上のトラブル防止と対処の新法則　193

83 トラブル対処の準備
トラブルに対処する社内の体制は万全か確認する ……… 194

84 サイトの隔離
トラブル時はSEOへの悪影響を抑えつつサイトを隔離する ……… 196

85 セキュリティ問題への対処
サイト遮断と全体復旧でセキュリティの問題に対処する ……… 198

86 品質に関するガイドライン
Googleのガイドラインを知り意図しないスパム行為を避ける ……… 200

87 「手動による対策」への対処
原因解明と再発防止で重大なペナルティに対処する ……… 204

88 アクセスできない問題への対処
「アクセスできません」と表示されたら所有権を確認する ……… 206

89 CMSの更新への対処
セキュリティのため早急なCMSの更新は必須と心得る ……… 208

90 多くのURLが検出された問題の対処
多くのURLが検出されたらブロックや正規化で対策する ……… 209

91 リンクの否認用リストの作成
SEOに悪影響がある外部リンクをリスト化する ……… 210

92 リンクの否認
悪影響がある外部リンクをGoogleに送って否認する ……… 212

93 サイト移転のパターンと流れ
SEO効果を失わないサイト移転の方法を理解する ……… 214

94 新しいドメインの追加と確認
移転先のドメインは健全かをあらかじめ確認しておく ……… 217

95 301リダイレクトの仕組み
SEO効果を引き継ぐ「301リダイレクト」を理解する ……… 218

96	移転するURLの整理
	コンテンツの引き継ぎは対応表を作ってまとめる ……………………… 219

97	リダイレクトの設定
	リダイレクトは新旧URLの対応表から記述方法を選ぶ ……………… 222

98	サイト移転作業のチェックリスト
	新サイト公開前後に必要な作業をリストアップする ………………… 224

99	アドレス変更ツール
	ドメインの変更を確実にGoogleに知らせる ………………………… 226

100	サイトの監視と旧サイトの扱い
	移転の成否をインデックスステータスで確認する …………………… 228

コラム	**リダイレクト失敗でデータベースから削除……。よくあるSEOのミス** … 230

用語集 ……………………………… 231
索引 ………………………………… 235

読者限定無料電子版のダウンロードについて

本書をご購入された皆様に、全文を収録した電子版をご提供します。

▼購入特典 電子版ダウンロードページ

http://book.impress.co.jp/books/1114101028

上記のページにアクセスし、［読者登録する］をクリックしてアンケートをご記入後、電子版（PDFファイル）をダウンロードしていただけます。

※ダウンロードにはCLUB Impressへの会員登録（無料）が必要です。

本書に掲載されている情報について

本書は、2015年8月現在の情報をもとに、Google Search Consoleと関連サービス、およびSEOやサイト運営のノウハウについて解説しています。本書の発行後にGoogle Search Consoleと関連サービスの画面や機能、操作方法、URLなどが変更された場合、本書の掲載内容通りに操作できなくなる可能性があります。

本書発行後の情報については、弊社のWebサイト（http://book.impress.co.jp）などで可能な限りお知らせいたしますが、すべての情報の即時掲載ならびに、確実な解決をお約束することはできかねます。また、本書の内容は参考となる情報の提供を目的として、著者による独自の見解を述べたものです。本書の運用により生じる、直接的、または間接的な被害について、著者ならびに弊社では一切の責任を負いかねます。あらかじめご了承ください。

本書で紹介している内容のご質問につきましては、巻末をご参照の上、お問い合わせください。電話や本書の発行後に発生した利用手順やサービスの変更に関しては、お答えしかねる場合があることをご了承ください。

「できる」「できるシリーズ」は、株式会社インプレスの登録商標です。
その他、本書に記載されている製品名やサービス名は、一般に各開発メーカーおよびサービス提供元の商標または登録商標です。
なお、本文中には™および®マークは明記していません。

Copyright © 2015 Ayudante, Inc. and Impress Corporation. All rights reserved.
本書の内容はすべて、著作権法によって保護されています。著者および発行者の許可を得ず、転載、複写、複製等の利用はできません。

本書の読み方

●タイトル
新法則の目的や身に付ける
ポイントをまとめています。

●解説
新法則の内容を理解し
やすく解説しています。

●操作手順
該当する画面を表示するためにクリックするメ
ニューと、実際の操作手順を解説しています。

●関連
関連性が深く、続けて読むと
理解が深まる新法則を紹介します。

●HINT
解説を補足する内容や
関連情報などを紹介します。

※ここで紹介している紙面はイメージです。実際の本書紙面とは異なります

●用語の使い方
本文中で使用している用語は、基本的に実際の画面に表示される名称に則っています。

●本書の前提
本書は特別な断り書きがない場合「Microsoft® Windows® 10」と「Google Chrome」がインストールされ
ているパソコンで、インターネットに常時接続されている環境を前提に画面を再現しています。

序章

Google Search Consoleの基本を知る

サイト担当者やマーケッターをはじめ、ウェブでの情報発信に関わるすべての人に向けて、Googleが提供しているサービスが「Google Search Console」です。検索エンジンを通じた効果的な集客のために、どのような機能が使えるかを知って利用の準備をしましょう。

基本 1

Google Search Consoleの概要

Search Consoleでできることを知る

「Google Search Console」は、ウェブで情報を発信する人や企業のためのサービスです。サイトの安定した運営やSEOの改善に必須の機能を持っています。

■ Google検索の情報が見られる唯一のサービス

　Google Search Consoleは、Googleの検索サービスにおけるサイトのパフォーマンス（性能の評価。キーワードごとの掲載順位やクリック数などの情報）を確認できるサービスです。Googleの検索サービスが持つ情報を見られるサービスはほかに存在せず、Search Consoleが唯一の情報源となります。

　以前は「Googleウェブマスターツール」という名称でしたが、マーケッター、エンジニアなど幅広い人が利用するサービスとして、2015年5月から現在の名称になりました。「Search Console」（サーチコンソール）は直訳すれば「検索制御装置」といった意味で、情報を見るだけでなく、Googleにサイトの情報を伝える機能も持ちます。

　Search Consoleを利用しないと見られない代表的な情報に、検索キーワードの情報があります。「Googleアナリティクス」などのアクセス解析サービスでは、検索エンジンから訪問したユーザーの検索キーワードのほとんどが「(not provided)」と表示されて見られませんが、Search Consoleの［検索アナリティクス］画面を利用することで、キーワードごとのランディングページや、検索結果への表示回数、CTR（クリック率）、掲載順位などを確認できます。

`URL` **Google Search Console** http://www.google.com/webmasters/tools/

「(not provided)」はプライバシー保護のため

かつては検索エンジンからサイトに訪問したユーザーの参照元情報として、検索に使われたキーワードがサイトのサーバーに送られていました。しかし、2011年10月からGoogleがユーザーのプライバシー保護を目的として暗号化を実施。Yahoo! JAPANも2015年8月から同様に暗号化し、サイトのサーバーでキーワードがわからなくなりました。しかし、Search Consoleでは統計的なデータとしてキーワードの情報を確認できます。

■ SEOの現状を把握し、改善のヒントを得られる

　キーワードの分析にSearch Consoleの［検索アナリティクス］を活用することは、これからの時代のSEOに取り組むサイト担当者やマーケッターにとって重要です。ほかにも、Googleからサイトが適切に認識されているか、検索サービスで自社サイトが上位に表示されにくくなるような問題が発生していないかなど、SEOの基本として重要な項目のチェックも、Search Consoleで可能になります。

　ただ、Search Consoleは直接SEOのアドバイスをしてくれるわけではないため、SEOに役立てるには、手に入る情報の意味を理解し、自分で改善方法を考えられるノウハウを身に付ける必要があります。

◆ 検索キーワードの情報を確認できる「検索アナリティクス」

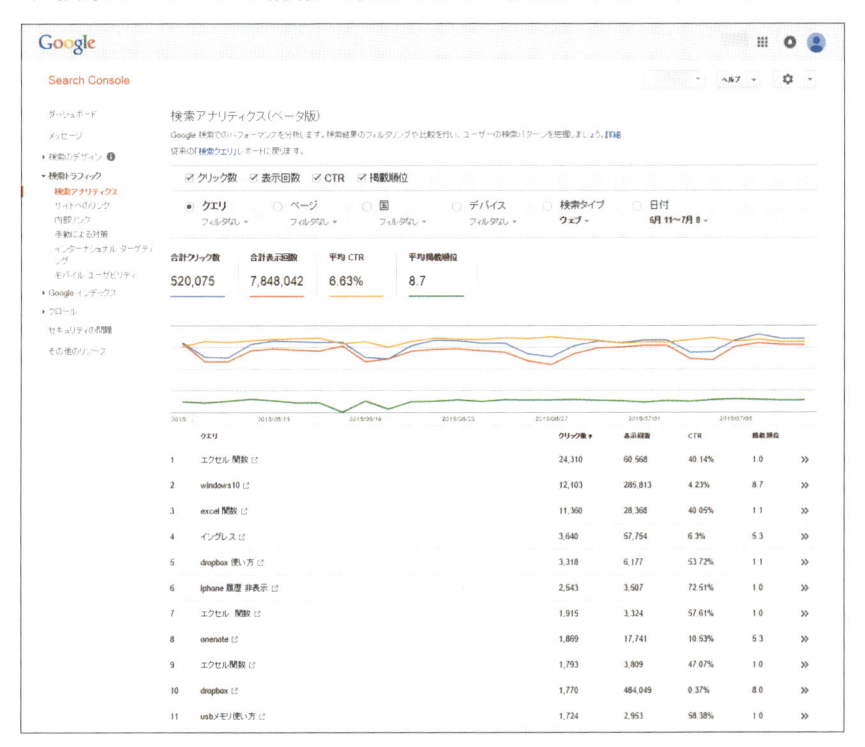

Googleが持つデータから、キーワードごとのクリック数、表示回数、CTR、掲載順位の情報が表示され、ページ（ランディングページ）ごと、デバイス（パソコン、スマートフォン、タブレット）ごとなどの分析ができる。

次のページに続く

■ キーワードに限らずSEOに関連する幅広い機能を提供

「SEO」というと検索キーワードからユーザーの意図を読んでコンテンツを作ることが最初に思い浮かぶかもしれませんが、大事なことはそれだけではありません。サイト全体やHTML文書の構造をわかりやすくしたり、サイトの移転にあたってSEOの効果を失わないようにしたりすることも、SEOの一環となる取り組みです。Search Consoleでは、そうしたSEOに関連する作業に必要な機能も幅広く提供しています。

「モバイルフレンドリー」関連機能も、その1つです。スマートフォンからの検索の利用が増加していることを受けて、2015年4月に、モバイル検索ではスマートフォンで使いやすいサイトを上位に表示する「モバイルフレンドリーアップデート」が行われました。（詳しくは第4章を参照）。

これに合わせ、Search Consoleでは自社のサイトがモバイルフレンドリーかどうか、改善が必要な箇所はどこかをチェックし、改善に活用する機能を提供しています。スマートフォンから快適に利用するにはサイトの表示スピードも重要になりますが、関連サービスの「PageSpeed Insights」で、スピードの評価と高速化のためのアドバイスを受けられます。

そのほか、サイトがマルウェアやスパムの影響にさらされていないか、表示速度が低下してユーザーが不便に感じていないかといった、サイトの不具合やユーザビリティの問題もSearch Consoleで確認できます。

■ Google検索への最適化が集客強化につながる

Googleの検索サービスは、検索を行うユーザーに有用なサイトを紹介することを目的としています。そのため、Search Consoleでは「訪問したユーザーとってわかりやすいサイトになっているか？ 問題はどこにあるか？」という情報を提供し、サイト担当者が改善に役立てることを期待しています。Googleでは「Googleウェブマスター」というコンテンツでサイト制作のガイドラインとなる情報の提供などを行っており、Search Consoleもこの1サービスとなっています。

つまり、ユーザーにとって有用なサイトを、Googleが提供するガイドラインを参考にしながら開発し、Search Consoleで確認しながら改善していくことで、検索からの集客を強化できるのです。

本書では、Search Consoleを活用してサイトを改善し、SEOを強化していく手法を解説します。Search Consoleの情報を見て、そこから改善策を立て、実行するノウハウを身に付けていきましょう。

◆ サイトの移転を知らせる「アドレス変更ツール」

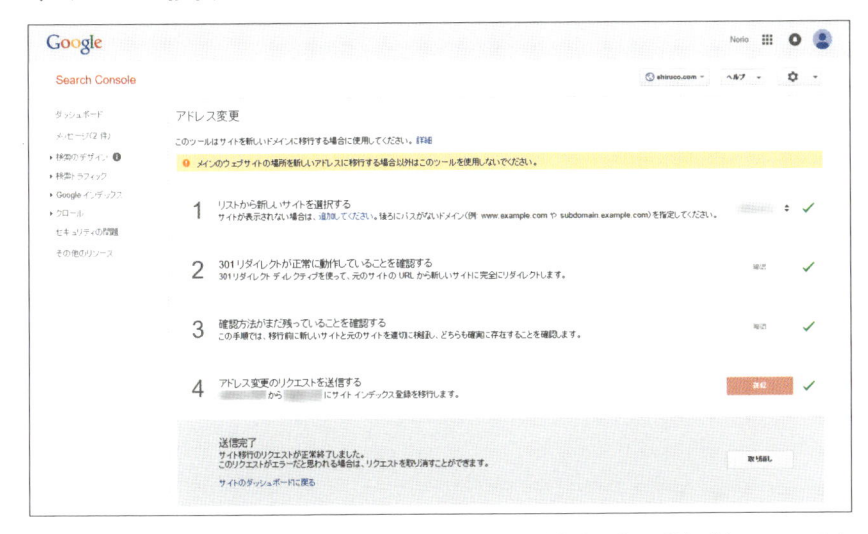

サイトの移転時にドメインの変更をGoogleに知らせる機能。サイト移転時の重要な設定が済んでいることをチェックしていき、最後に移転することを［送信］することで、トラブルなく移転できるようになっている。

◆ 表示速度の改善に役立つ「PageSpeed Insights」

指定したページの表示スピードと使いやすさ（ユーザーエクスペリエンス）を評価し、詳細な改善提案が行われるサービス。モバイル（スマートフォン）、パソコンの環境別に評価を見ることができる。

基本 2

サイトの追加と所有権の確認

Search Consoleにサイトを追加する

Search Consoleを利用するために、まずサイトの追加（登録）を行います。「所有権の確認」が必要になるので、ファイル転送ソフトを用意しておきましょう。

■ サイトの所有権の確認が必要になる

　Search Consoleにサイトを追加して、利用を始めましょう。次のページの手順を参考に操作してください。最初にGoogleアカウントを用意しますが、企業で利用するときにはアカウントを新規作成し、担当者が私用で使っているアカウントの流用は避けます。

　Search ConsoleはGoogleにサイトの設定についてさまざまな情報を伝える機能を持つため、万が一アカウントの乗っ取りに遭ってこれらが悪用されると、サイトが検索結果から消えるなど、非常に大きな被害を受ける可能性があります。Search Console用のアカウントを用意し、会社の電話番号で2段階認証を設定するなどして、アカウントの安全性には十分に配慮しましょう。

　サイトを追加するには、URLを入力したあとで「所有権の確認」が必要になります。所有権の確認とは、自分がサイトの所有者であり、設定の変更などができる権限を持っていることを示す手続きです。

　次のページで解説する手順では、Search Consoleが生成したファイルをサイトのサーバーにアップロードすることで、サーバーにアクセスして操作する権限があることを示しています。Windows/Mac対応のファイル転送ソフト「FileZilla」を例に解説しますが、ほかのソフトでもかまいません。

URL **FileZilla** http://osdn.jp/projects/filezilla/

Search Consoleが利用できないサイトもある

サイトの所有権を確認してSearch Consoleにサイトを追加するには、HTMLを自由に編集できるか、ファイルのアップロードが可能である必要があります。「アメブロ」など、サイトのHTMLを自由に編集できないブログサービスでは利用できないため、注意が必要です。

◆ サイトの追加と所有権の確認をする

① サイトの追加を開始する

Google Search Console
http://www.google.com/webmasters/tools/

①Search Consoleに
アクセス

②ログイン画面が表示されたら、
Googleアカウントでログイン

[Search Consoleにようこそ]
画面が表示された

③サイトの
URLを入力

④［プロパティの追加］
をクリック

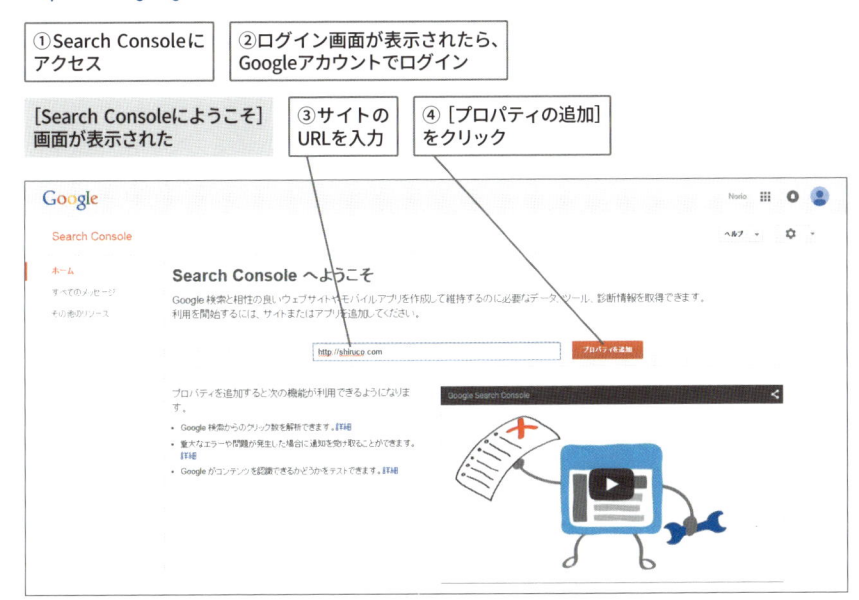

② 所有権の確認用HTMLファイルをダウンロードする

［このHTML確認ファイル］を
クリック

確認用HTMLファイルが
ダウンロードされる

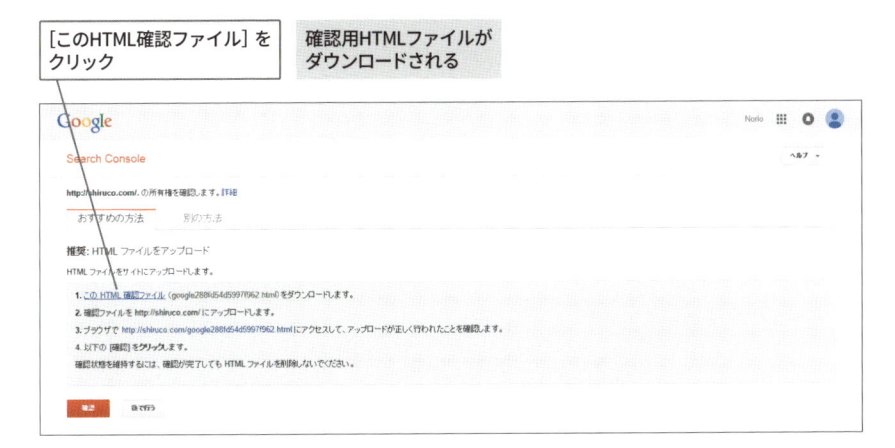

次のページに続く

❸ 確認用HTMLファイルをサーバーにアップロードする

FileZillaでサーバーにログインし、サーバー側にサイトのルートディレクトリを表示しておく

ローカル（パソコン）側に確認用HTMLファイルを表示しておく

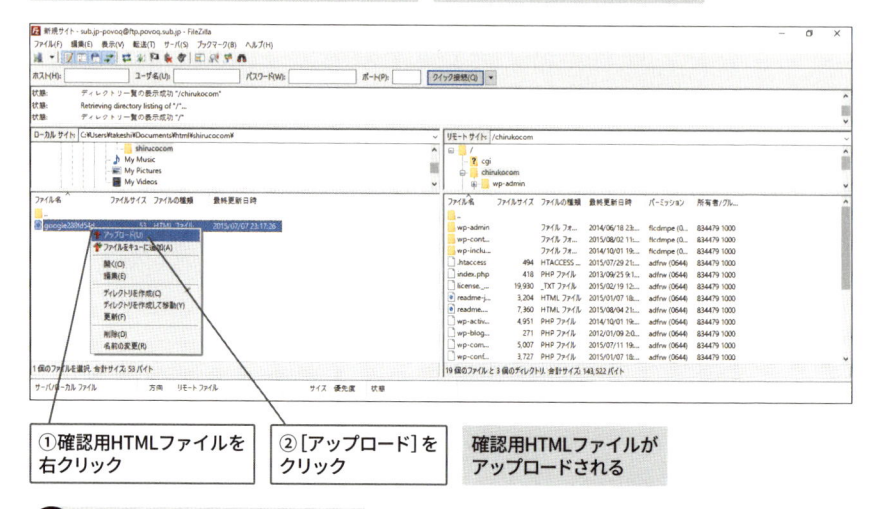

① 確認用HTMLファイルを右クリック
② ［アップロード］をクリック
確認用HTMLファイルがアップロードされる

❹ 所有権の確認を実行する

ブラウザーのSearch Consoleの画面に戻る
① ［確認］をクリック
② ［(サイトのURL) の所有権が確認されました］と表示されたら［続行］をクリック

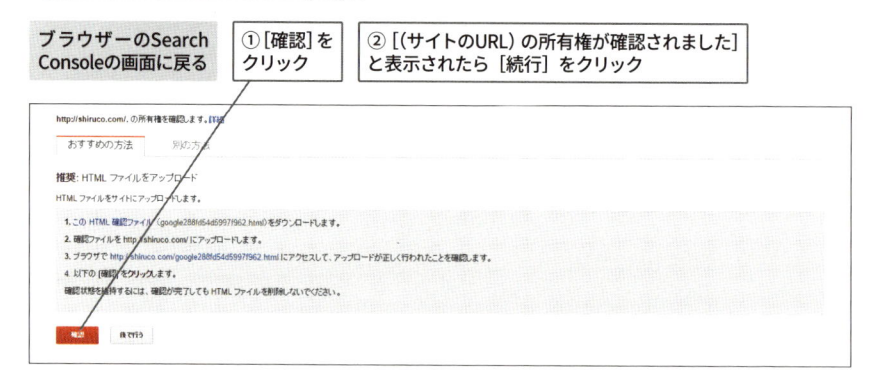

ファイルをアップロードする以外の所有権の確認方法

前のページの手順2の画面で［別の方法］タブをクリックすると、ファイルをアップロードする以外の所有権の確認方法が選択できます。［HTMLタグ］は、トップページのHTMLファイルを編集してタグを書き込みます。［ドメイン名プロバイダ］はサイトのドメイン名の管理元で設定を書き換えます。［Googleアナリティクス］［Googleタグマネージャ］は、設定済みの両サービスのタグから所有権を確認します。

❺ 所有権の確認が完了する

サイトのダッシュボードが表示された　**Search Consoleへのサイトの追加が完了した**

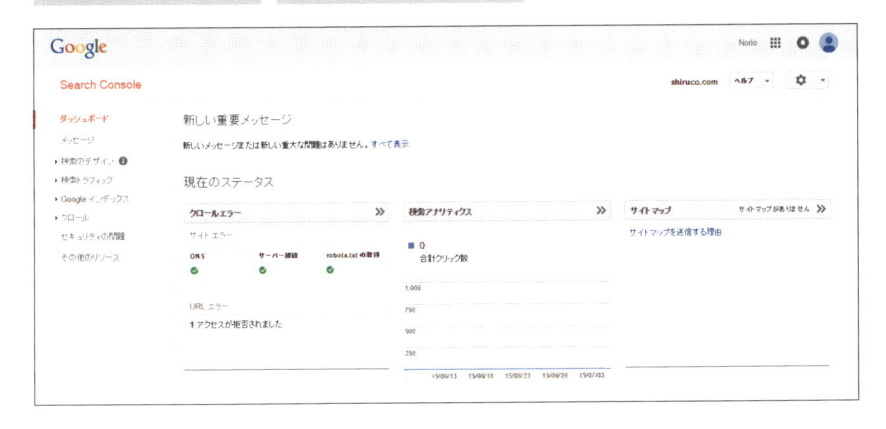

次回以降Search Consoleにログインしたときは

Search Consoleにログインするとホーム画面が表示され、追加しているサイトの一覧が最初に表示されます。ここでサイト名をクリックすると、そのサイトのダッシュボードが表示されます。

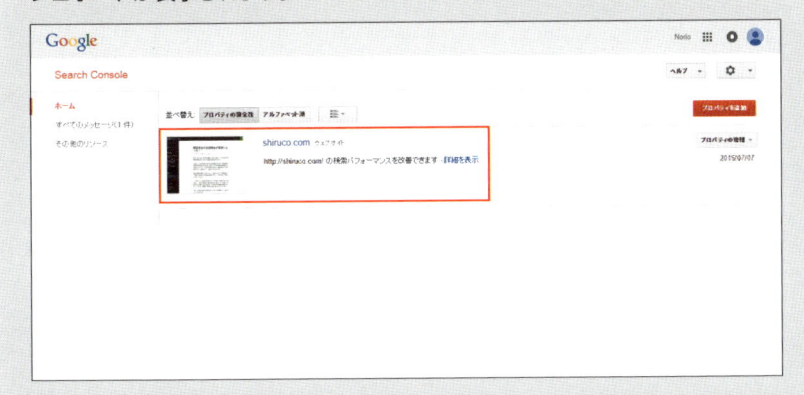

複数のサイトを追加している場合はホーム画面に一覧表示され、サイト名をクリックするとダッシュボードが表示される。

■Search Consoleは検索に関わるすべての人のためのサービス

　2005年ごろ、まだSearch Consoleに改称前の「Googleウェブマスターツール」は、名前のとおりにサイト担当者（ウェブマスター）向けのサービスで、レポートされる情報も、クロールやインデックスの状況など「サイトの状態を知るため」のものが主でした。

　ところが近年では、検索キーワードを分析できる［検索アナリティクス］をはじめとしたマーケッター向けの機能が充実し、2015年5月の改称後はアプリ開発者向けの機能を次々と発表するなど、さまざまな方面に進化しています。

　その結果、現在のSearch Consoleはサイト担当者、SEOの専門家のみならず、マーケッターやデベロッパーにとっても必須のサービスとなっています。さらにはデザイナー、エンジニア、個人サイトの運営者、小規模事業主など、さまざまな業種の人が活用できる機能が付与され、もう「ウェブマスターツール」という名前がサービスに合わなくなってしまったとも言えます。

　SEOの分野でも、この10年間で考えなければいけないことが変化しました。10年前は「検索エンジンのアルゴリズムに対して施策を実行し、特定のキーワードで上位を狙う」といった思考にとらわれがちでしたが、現在では検索エンジンよりも、検索エンジンを利用するユーザーと向き合った施策を行わない限り、成果を出しにくい傾向があります。一部の人が取り組む特殊な施策から、サイト運営を行う企業全体でユーザーと向き合う施策、という当たり前の活動の一環へとSEOが変化しています。

　ユーザーと向き合うためにはデータからユーザーの行動を知り、分析する必要がありますが、ユーザーの行動を知るためのサービスとして、Search Consoleの影響力が増してきています。日本での検索シェアが圧倒的なGoogleとYahoo! JAPANの検索サービスが暗号化され、アクセス解析サービスでユーザーの検索キーワードを知ることが困難になった現在、Google検索のデータが見られる［検索アナリティクス］は極めて貴重な情報源です。

　Search Consoleは、Google検索に関わるすべての人のためのサービスです。集客における最適化は、情報を探す人の検索体験の向上につながります。よりよい体験を多くの人に提供するために、Search Consoleを使いこなしていきましょう。

第 **1** 章

クロールとインデックスの新法則

SEOによる上位表示や集客強化のための第一歩として、まずは「サイトが適切に検索される状態」を作ります。検索エンジンの仕組みを知り、意図どおりに「クロール」そして「インデックス」されるように、環境を整える方法を解説していきます。

新法則 1

Google検索の仕組み

検索の裏で動く「クロール」「インデックス」を理解する

Search Consoleを使いこなすため、まずはGoogle検索の仕組みを理解します。重要なキーワード「クロール」と「インデックス」を覚えましょう。

第1章 クロールとインデックスの新法則

■ Googlebotが情報を収集して重要度を評価

検索エンジンは「クローラー」と呼ばれるプログラムを使って世界中のウェブを自動的に巡回（クロール）し、ウェブページの情報を収集しています。Googleのクローラーは「Googlebot」といい、世界中のウェブのリンクをたどってページの情報を収集します。

Googlebotは収集した情報を「どのようなテーマのページか」「どのようなキーワードを含んでいるか」「どこからリンクされてどこへリンクしているか」といったさまざまな基準で分析し、データベースに取り込みます。この収集したページの情報を分析し、データベースに取り込むまでの一連の処理を「インデックス」と呼びます。

ユーザーが検索キーワードを入力すると、Googleはキーワードに関連するページを瞬時にインデックスしたデータベースから探し出し、ユーザーの目的に近いと想定される順に検索結果へ表示します。

本章では、こうしたGoogle検索の仕組みを踏まえ、意図どおりにクロールさせて、インデックスされるための方法を解説していきます。クロールの制御方法や、クロールやインデックスの状態を確認し、問題があれば解決する方法を覚えていきましょう。

関連 **新法則2** 適切なクロールとインデックスに必要な4つの作業を理解する ……………… P.28

「クエリ」と「キーワード」の違い

「クエリ」とは「データベースに対する問い合わせ」という意味で、キーワードのほか、検索条件を指定する記号や「検索演算子」と呼ばれる特殊な単語を含んだ、検索エンジンに対して入力される文字列のことを指します。検索エンジンでは入力されるキーワードを「クエリ」と呼びますが、本書では画面の説明などで明確に「クエリ」を指す場合を除いて、「キーワード」という呼び方で統一します。

◆ Googleの検索結果が表示されるまでの流れ

①Googlebotがサイトをクロールする

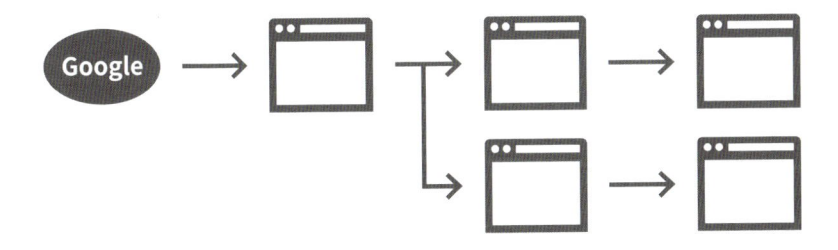

リンクをたどって世界中のページの情報を収集する。これを「クロール」と呼ぶ。

②ページの情報を分析し、インデックスする

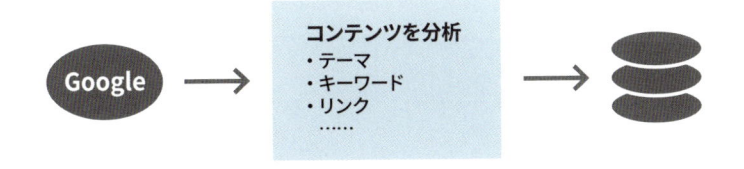

収集した情報をさまざまに分析し、データベースに取り込む。

③検索されたキーワードに応じて検索結果を表示する

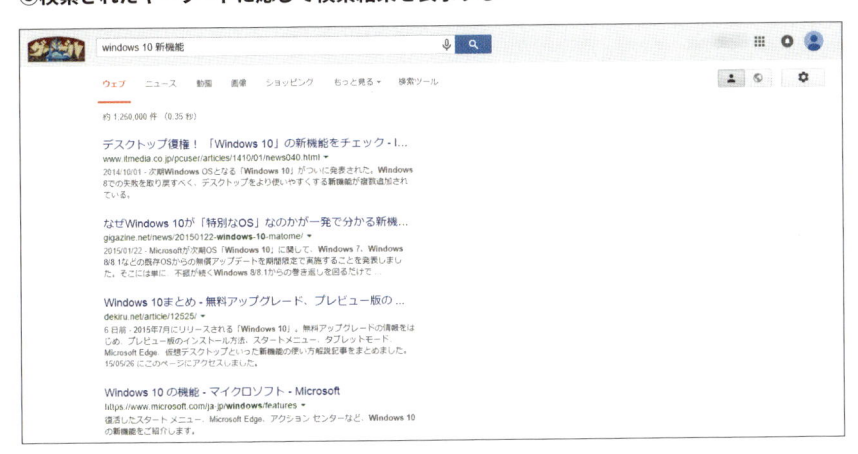

ユーザーが入力したキーワードに合わせてデータベースからページを取り出し、検索結果として表示する。

新法則 2

クロール、インデックスのために必要なこと

適切なクロールとインデックスに必要な4つの作業を理解する

サイト管理者がクロール、インデックスのためにやるべきことの概要を整理します。個々の作業に入る前に、全体像を把握しておきましょう。

■ SEOの基礎として必要な作業の全体像を把握する

　Googlebotがサイトをクロールし、インデックスできるようにするために必要な作業は、大まかには次の4つのグループに分けられます。Googlebotの動きと対応させて覚えておきましょう。

Googlebotのクロールをリクエストする

　まずはGooglebotがサイトに来てくれなくては、SEOも始まりません。たいていの場合、何もしなくてもGooglebotはウェブのどこかのリンクをたどってサイトにたどり着きますが、新法則3で解説する［Fetch as Google］から［インデックスに送信］を行うことによって、Googlebotにサイトのクロールをリクエストできます。

サーバーやネットワークの問題を解決する

　サイトのサーバーやネットワークに問題があっては、Googlebotが正常にクロールできないだけでなく、サイトを訪問するユーザーも正常に利用できません。エンジニアと協力して問題を解決し、サーバーが安定して稼働している状態を維持します。

クロールしやすいようにサイトの構造を整える

　Googlebotはサイト内のリンクをたどってクロールするので、どこからもリンクされていない孤立したページがないようにします。新法則8で解説する［サイトマップ］を利用すれば、Googlebotがページをより見つけやすくできます。

検索されたくないページがインデックスされないようにする

　サイトの中には、インデックスされたくないページ、される必要がないページもあります。例えばテスト用のサイトや、メールマガジン登録のサンクスページなどです。このようなページはGooglebotのクロールをブロックするなどして、インデックスされないようにしましょう。インデックスされないようにする方法は複数あり、新法則17で解説します。

Search Consoleでは、新法則9で解説する［インデックスステータス］や新法則10で解説する［クロールエラー］などのレポート機能で、クロールやインデックスの状況を知ることができます。以降では、これらのレポートの情報を的確に読み取り、問題があれば対策を取るための方法を解説していきます。

　問題なくインデックスされるためには、コンテンツの内容が適切であることも重要です。特に注意が必要なのは「重複」で、サイト内に同じタイトルのページが複数あると、上位表示されない原因になったり、インデックスされなかったりすることがあります。このようなコンテンツの問題は、第2章以降で扱っていきます。

関連		
新法則9	インデックスされたページの短期間での減少に注意する	P.42
新法則10	サーバー障害が原因のクロールエラーがないよう注視する	P.44
新法則50	タイトルとメタデータが問題になる原因を理解する	P.124
新法則87	原因解明と再発防止で重大なペナルティに対処する	P.204

◆ クロールとインデックスのための4つの作業

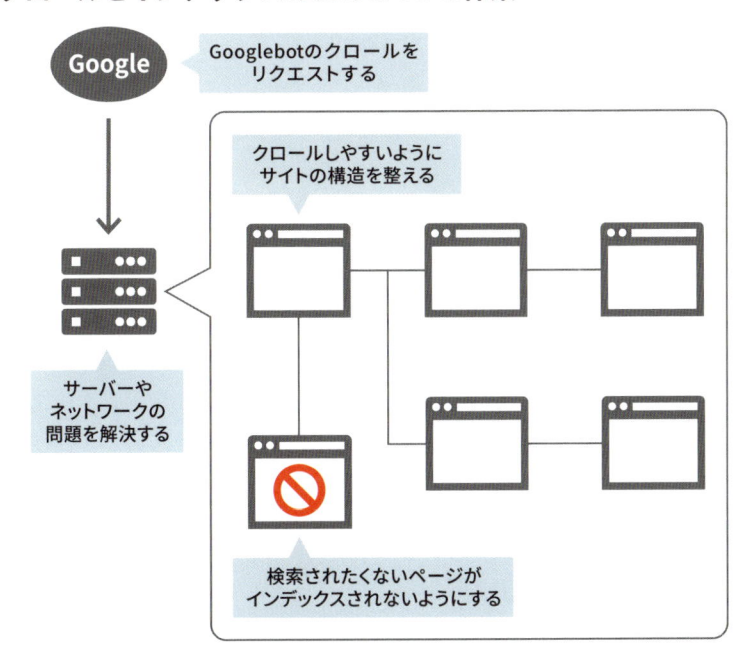

新法則 3

Fetch as Google

GoogleにサイトのURLを知らせてクロールを促す

まずはサイトをGooglebotがクロールできるかテストしましょう。問題がなければGoogleにURLを知らせて、クロールをリクエストできます。

■ サイトの存在を確実にGoogleに知らせる

　Search Consoleにサイトを追加しても何も情報が表示されない場合は、サイトがまだクロールされていない可能性があります。次のページの手順を参考に、[Fetch as Google]画面からGooglebotがサイトのデータを取得可能な状態になっているかをテストし、問題がなければGoogleにサイトのURLを知らせましょう。

　Fetch as Googleは「Googleとして（入力したURLを）取得する」という意味で、Googlebotが適切にページを取得し、クロールできるかをテストする機能です。URLを入力してテストを行い、ステータスに［完了］と表示されると、そのURLがクロール可能であると確認できます。すると［インデックスに送信］というボタンが表示され、入力したURLのクロールとインデックスをリクエストできます。

　通常、Googlebotはウェブ中のどこかにあるリンクをたどるなどして新しいサイトを自動的に検知し、クロールします。そのため、たいていの場合は何もしなくてもクロールされるようになりますが、［インデックスへの送信］を行えば、より確実にGoogleにサイトを知らせ、クロールされるようにできます。必ず一度はやっておくようにしましょう。

関連		
	新法則22　Googlebotのレンダリングに問題がないか確認する	P.66
	新法則23　回数の上限を意識しながらページの追加、更新を申請する	P.69

サイトのURLを知らせる専用フォームもある

[Fetch as Google]のほかにも、サイトのURLを知らせる窓口として、Googleでは下記の「URLのクロール」ページも提供しています。ここからURLを送信しても必ずクロールされるわけではないとされていますが、手段の1つとして知っておきましょう。

Search Console - URLのクロール
https://www.google.com/webmasters/tools/submit-url

◆ トップページのクロールをリクエストする

操作手順 クロール ▶ Fetch as Google

トップページを取得するため
URLは空欄にしておく

①[取得]を
クリック

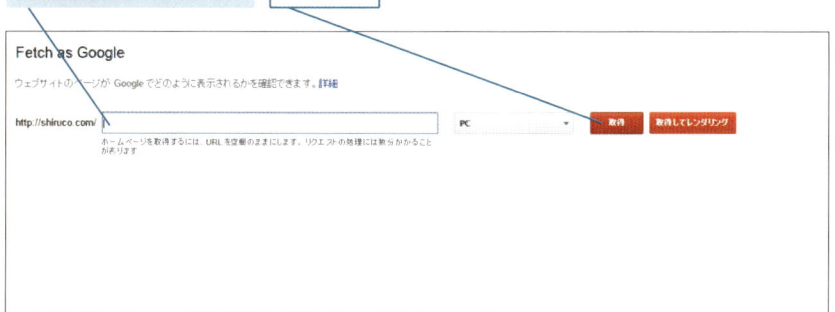

ページの取得が行われ、[ステータス]に
[完了]と表示された

②[インデックスに送信]
をクリック

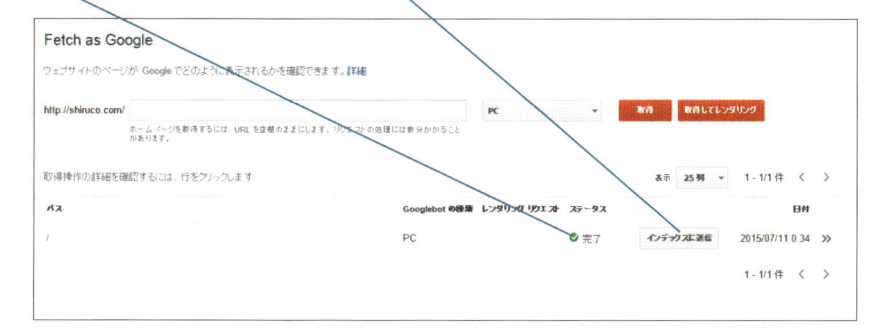

リンクを含めてクロール
するように指定する

③[このURLと直接リンクを
クロールする]をクリック

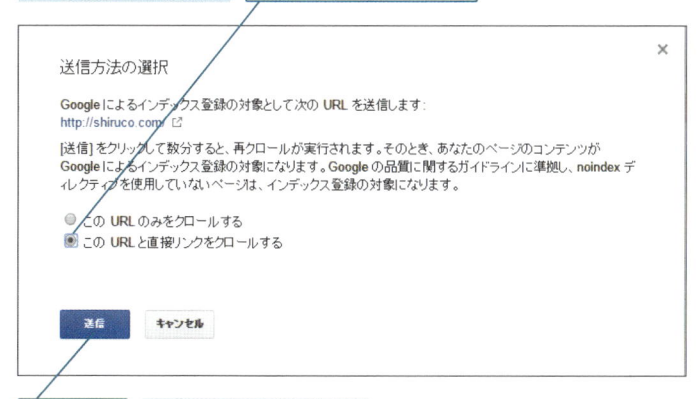

④[送信]を
クリック

クロールとインデックスの
リクエストが完了する

新法則 4

データの特性とダウンロード

Search Consoleのデータは定期的にダウンロードする

Search Consoleで扱うデータは一定期間で消えてしまうなどの特性があります。重要なデータは定期的にダウンロードしておく必要があります。

■ 数日前までのデータしか表示されない

Search Consoleに表示される情報はリアルタイムに更新されるのではなく、最新の情報は2日前からとなります。

Fetch as Googleでクロールをリクエストして、実際にクロールが行われた結果の情報も、すぐには表示されません。昨今のウェブサービスはリアルタイムに情報を見られるものが多いですが、Search Consoleでは異なることを知っておきましょう。

■ データは消える前にダウンロードしておく

Search Consoleの情報はずっと見られるわけではなく、時間が経過すると、古いものから削除され、見られなくなっていきます。例えば、検索キーワードを確認できる［検索アナリティクス］のデータは、90日間で削除されます。サイトの状況に変化があったとき、半年前や1年前の情報を見て比較したいと思っても、そのころにはSearch Consoleで見ることはできません。

とはいえ、簡単な操作でファイルとしてダウンロードできるので、削除される前にダウンロードしておきましょう。Excelなどで利用できるCSV形式のファイルとしてダウンロードするか、Googleドキュメント（Googleドライブ）に保存するかを選択できます。次のページでは［クロールエラー］の情報をCSVファイルとして保存する手順を解説します。

なお、ダウンロードしたCSVファイルは、文字コードが「UTF-8」形式になっているため、そのままExcelで開くと日本語が文字化けします。「UTF-8」形式に対応したテキストエディターで一度開いて、「シフトJIS」形式で保存し直す必要があります。

関連　新法則40　季節変動があるキーワードは条件を揃えてダウンロードする ……………… P.103

第1章　クロールとインデックスの新法則

◆ [クロールエラー] の情報をCSVファイルとして保存する

操作手順　クロール ▶ クロールエラー

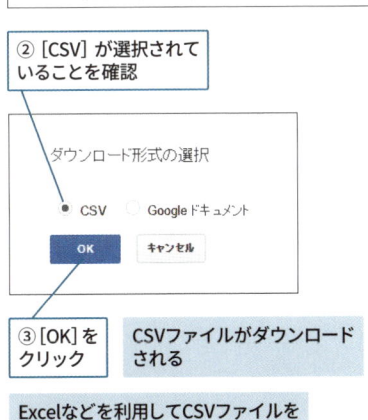

① [ダウンロード] を
クリック

② [CSV] が選択されて
いることを確認

③ [OK] を
クリック

CSVファイルがダウンロード
される

Excelなどを利用してCSVファイルを
開ける

第1章 クロールとインデックスの新法則

できる | 33

新法則 5

メッセージの確認

Search Consoleからのメッセージにはすぐに対処する

Search Consoleのホーム画面やダッシュボードにメッセージが表示されることがあります。すぐに内容を確認し、必要な対処をしましょう。

■ ログイン直後に重要なメッセージが表示される

　Search Consoleの設定変更が行われたときや、サイトの重要な問題が検出されたときに、ホーム画面やダッシュボードにメッセージが表示されます。頻度は高くありませんが、どのメッセージも重要なものです。メッセージがあったらすぐに確認しましょう。

　設定変更に関するメッセージは、新法則47で解説するGoogleアナリティクスとの連携の設定、新法則99で解説する「アドレス変更ツール」の利用など、重要な設定を行ったときに表示されます。内容を読んで、自分が行った設定かを確認しましょう。サイトの所有権を確認したユーザーのアカウントを乗っ取られ、勝手な操作が行われていては大変なことになります。

　重要な問題が検出されたときのメッセージは、内容を読むことで、どのような問題が起きているのか、どのように解決すればいいのかがわかります。本書では、第5章の新法則88、89、90などで、メッセージが表示される問題と、その解決方法を解説しています。

　次のページの手順では、ホーム画面でメッセージの詳細を確認しています。サイトのダッシュボードにもメッセージが表示されますが、ホーム画面の方が読みやすいため、ホーム画面でメッセージを確認しましょう。

関連
新法則6　メッセージはメール通知でいつでも気付けるようにしておく P.36
新法則88　「アクセスできません」と表示されたら所有権を確認する P.206
新法則89　セキュリティのためCMSの更新は必須と考える P.207
新法則90　多くのURLが検出されたらブロックや正規化で対処する P.208

［すべてのメッセージ］に過去のメッセージが保存される

過去のメッセージは［すべてのメッセージ］（サイトのダッシュボードでは［メッセージ］）から表示できます。トラブルを知らせるメッセージには、解決方法のヒントなどの有用な情報が記載されているので、削除せずに保存しておきましょう。

◆ ホーム画面のメッセージを確認する

ホーム画面にメッセージが表示された

メッセージがない場合は［新しいメッセージまたは新しい重大な問題はありません。］と表示される

［詳細を表示］をクリック

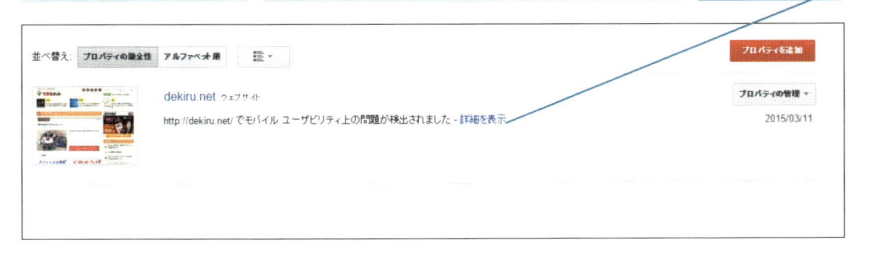

メッセージの詳細や対処方法のアドバイスが表示された

［削除］をクリックするとメッセージを削除できる

「検索パフォーマンスを改善できます」を確認する

サイトを追加してしばらくすると、「（サイトのURL）の検索パフォーマンスを改善できます」という、活用のヒントを伝えるメッセージが表示されます。「おすすめの方法」として5つの操作を行うことがすすめられていますが、本書の内容とどのように対応しているか紹介しましょう。1の「ウェブサイトの全バージョンを追加する」と2の「優先するバージョンを選択する」は、新法則7で解説している内容に相当します。サイトによっては、特に設定する必要はありません。3の「ターゲットとする国を選択する」は、新法則25（69ページ）で解説している内容です。設定が必要なドメインと必要でないドメインがあります。4の「同僚にアクセス権を付与する」は、複数のユーザーでサイトを管理する場合の設定です。本書では新法則27で解説しています。5の「サイトマップ ファイルを送信する」は、新法則8で解説します。

第1章 クロールとインデックスの新法則

新法則 6

メール通知

メッセージはメール通知で
いつでも気付けるようにしておく

新法則5で解説したメッセージは、メールでも通知されます。重要なメッセージを見逃さないよう、メール通知の設定を確認しておきましょう。

第1章 クロールとインデックスの新法則

■ 重要な情報の見逃しをなくす

　Search Consoleからのメッセージはメールでも通知されるように設定されており、送信先はGoogleアカウントのアドレスになっています。メール通知の設定は、下の手順にある[Search Consoleの設定]画面で確認できます。メールは1日に1回だけ届くことになっており、必ずしも問題の発生がすぐに通知されるわけではないことに注意してください。

　なお、2014年以前からSearch Console（ウェブマスターツール）を利用している場合は、メール通知が有効になっていない可能性があります。必ず設定を確認しておきましょう。

関連 **新法則5**　Search Consoleからのメッセージにはすぐに対処する ………………………… P.34

①歯車のボタンをクリック
②[Search Consoleの設定]をクリック

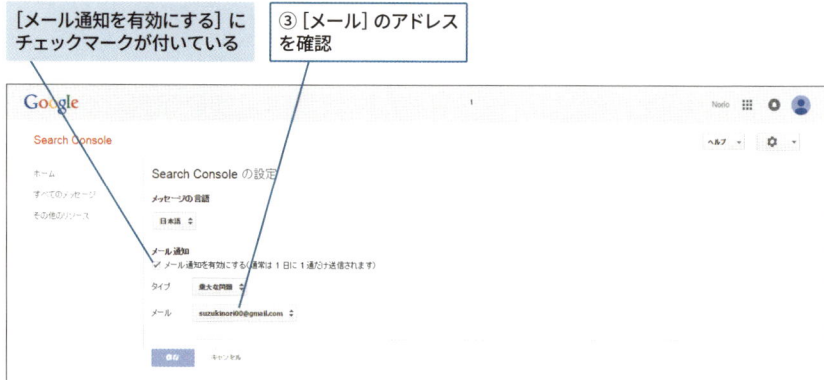

[メール通知を有効にする]にチェックマークが付いている
③[メール]のアドレスを確認

新法則 7

使用するドメイン

「www」があるURLとないURLの混在を修正する

サーバーの設定によっては、「www」あり、なしの2つのURLでサイトにアクセス可能になっていることがあります。このような状態は修正が必要です。

■ 重複コンテンツの状態になるとSEOで不利に

　サイトのサーバーの設定によって、例えば「http://dekiru.net/」と「http://www.dekiru.net/」のように、1つのサイトが「www」がある場合とない場合の2つのURLでアクセス可能になっていることがあります。

　最初から「www」あり／なしの一方のURLだけでサイトを運用していて、もう一方のURLではアクセスできない場合や、ページの表示時に一方のURLになるようリダイレクトが設定されている（例えば「http://www.dekiru.net/」にアクセスしても「http://dekiru.net/」にリダイレクトされる）場合は、ここでの設定は必要ありません。しかし、古くから運用されているサイトは特に、「www」あり、なしの2つのURLでアクセス可能になっていることが多くあります。確認してみましょう。

　2つのURLでアクセスできる状態のサイトは、Googleから「重複コンテンツ」（同じコンテンツのページが複数ある状態）として扱われ、SEOで不利になるおそれがあるため好ましくありません。サーバーの設定を変更してURLを統一し、Search Console上で［使用するドメイン］を設定しましょう。

◆ 2つのURLでアクセスできる状態は問題がある

✗ 2つのURLが存在

http://dekiru.net/

http://www.dekiru.net/

「www」あり、なしの2つのURLでアクセス可能な状態。

○ 使用するURLを統一

http://dekiru.net/

http://www.dekiru.net/
　　↓
　　http://dekiru.net/

「www」ありのURLにアクセスしても「www」なしのURLにリダイレクトされる。

次のページに続く

サーバーの設定を変更してURLを統一する

「www」あり、なしの両方でアクセスできる状態になっているサイトは、まずサーバーの設定を変更して、URLをどちらかに統一します。どちらのURLが優れているということはないので、会社の方針や、ユーザーの覚えやすさを考えて決めましょう。

ドメインの統一はエンジニアに依頼して設定します。レンタルサーバーでは、たいていの場合コントロールパネルでの設定が可能です。サイト内のコンテンツに記述したリンクや画像を参照するURLも、「www」あり、なしのどちらかで統一しましょう。「www」あり、なしの両方のURLで長く運用しており、外部のサイトから両方のURLでリンクされている場合には、サイトの移転をする場合と同様にリダイレクトの設定をした方がいいでしょう。サイトの移転については新法則93を参考にしてください。

Search Consoleで［使用するドメイン］を設定する

URLを統一したら、次のページの手順を参考にしてSearch Consoleの［サイトの設定］にある［使用するドメイン］でGoogleに知らせます。指定したURLでGoogleがサイトを認識し、データを適切に処理できるようになります。このとき、「www」があるURLとないURLの両方の所有権の確認を求められることがあります。新法則26および「基本2」を参考に、まだSearch Consoleに追加していないURLを新しいサイトとして追加し、所有権の確認を行いましょう。

以上の設定が完了すると、［使用するドメイン］で選択したURLでGoogleのデータベースにあるサイトの情報が統一されるようになり、それまで「www」あり、なしの2つのURLで別々に行われていたSEOの評価がまとめられます。

関連　新法則50 タイトルとメタデータのどのような状態が問題か理解する ……………………… P.124

「www」以外のサブドメインでは問題ない

「http://shop.dekiru.net」のように、「www」以外のサブドメイン名を付けたサイトの場合、ここで解説しているような、URLの統一を考える必要はありません。「www」はウェブサーバーであることを表すサブドメイン名で、サーバーの設定によっては明確に利用することを意識していなくても利用可能になっていることがあります。しかし、ほかのサブドメイン名は必要に応じて設定するため、通常では、「www」のように知らないうちに利用可能になっていた、ということは起こりません。

◆ [使用するドメイン] を設定する

①歯車のボタンをクリック

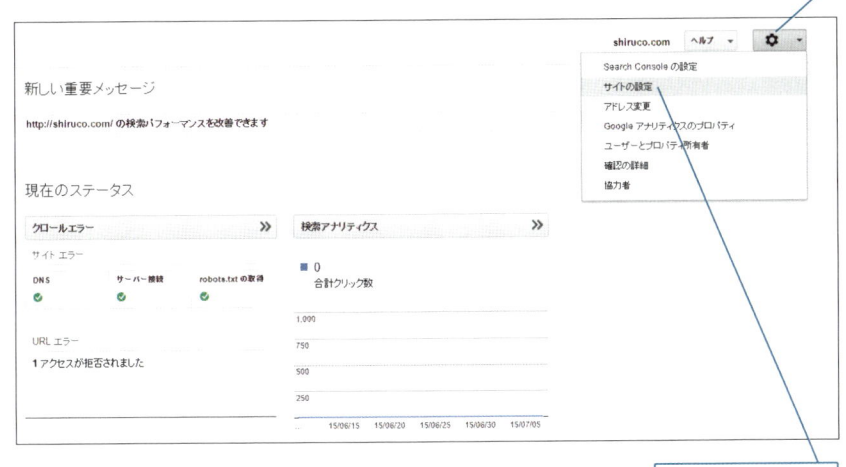

② [サイトの設定] をクリック

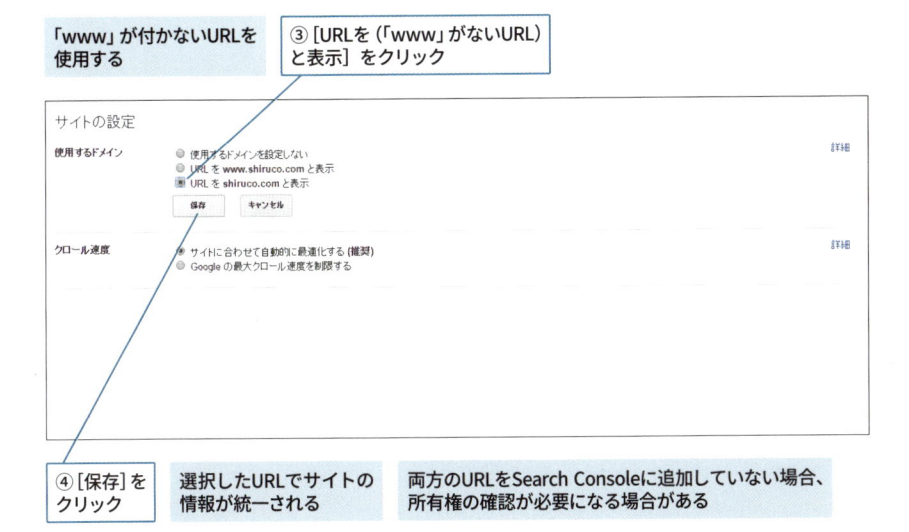

「www」が付かないURLを使用する

③ [URLを (「www」がないURL) と表示] をクリック

④ [保存] をクリック

選択したURLでサイトの情報が統一される

両方のURLをSearch Consoleに追加していない場合、所有権の確認が必要になる場合がある

第1章　クロールとインデックスの新法則

新法則 8

サイトマップの追加

サイトマップを追加してGooglebotのクロールを助ける

サイト内のページをGoogleに知らせ、より確実にクロールさせるために「サイトマップ」が役立ちます。適切なファイルを用意して、追加しましょう。

■ Googlebotのクロールを助ける地図になる

「サイトマップ」と呼ばれるものには、ユーザー向けのサイトマップページもありますが、ここで扱うのは、検索エンジンのクローラー向けに、サイト内のページを漏れなくクロールできるようにする「XMLサイトマップ」とも呼ばれるファイルです。

通常、Googlebotはページ間のリンクをたどってサイトをクロールしますが、サイトマップとしてサイト内のページのリストを作成し、Search Consoleから追加することで、ページを発見しやすくできます。

サイトマップの追加は次のページの手順のように［サイトマップ］画面から行います。Googleではサイトマップに記述されたページ（コンテンツ）の情報を把握し、サイトマップから何ページが送信されたか、そのうち何ページをインデックスしたかを表示します。

■ 不正確なサイトマップは逆効果

サイトマップは「XML」という形式のテキストファイルで作られ、企業が運営するサイトでは、正確なサイトマップを作成できるツールを導入して自動作成するのが一般的です。サイトの更新に合わせてサイトマップも自動更新され、Googleはサイトマップを通して、常にサイトの最新の状態を把握し、クロールに利用します。

URLが重複していたり、クロールしてほしいページが抜けていたりする不正確なサイトマップはクロールを混乱させるおそれがあり、逆効果になりかねません。

サイト内の各ページにリンクが張られていれば、クロールに支障はありません。もしも正確なサイトマップを用意できない場合は、利用を見送りましょう。

関連 新法則3　GoogleにサイトのURLを知らせてクロールを促す ……………………… P.30

第1章　クロールとインデックスの新法則

◆サイトマップを追加する

操作手順 クロール ▶ サイトマップ

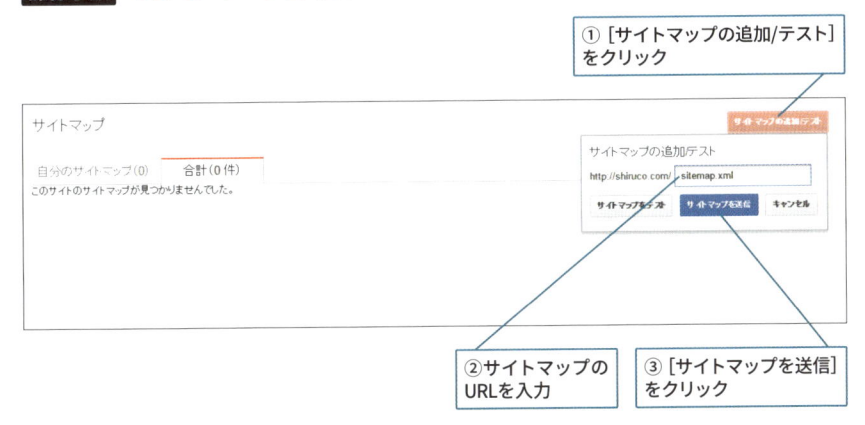

① [サイトマップの追加/テスト] をクリック

② サイトマップのURLを入力

③ [サイトマップを送信] をクリック

④ [サイトマップを送信しました] と表示されたら [ページを更新する。] をクリック

ページが更新され、サイトマップの情報が表示された

新法則 9

インデックスステータス

インデックスされたページの短期間での減少に注意する

インデックスへの状況は日々変動します。[インデックスステータス]で大きな動きを確認し、異変があったら詳細に原因を調べられるようにしましょう。

■ 小幅な変動は常に起こるものと考える

　Search Consoleの数あるメニューの中で、最初に確認しておきたいのが［Googleインデックス］メニューの［インデックスステータス］です。過去1年間の、サイト内のインデックスされたページの総数の変動を確認できます。

　新規にサイトを作成してインデックスが順調に進んでいる状況であれば右肩上がりのグラフとなり、登録されたページが増えていることを表します。また、ページを新規追加していない状態であれば、変動のない水平に近いグラフとなり、ページの削除が反映されれば、下降線となります。

　インデックスステータスは、サイト内でページの増減がなくても、常に多少の変動があります。ページ数の少ない（全数十ページ程度の）サイトであれば数ページの減少でも気になりますが、数百ページ以上もあるようなサイトでは、毎日数ページの増減はよくあることで、深刻なものではありません。

　対応が必要になるインデックスステータスの変動は、数百ページ以上あるサイトで、短い期間に全体の10%以上のページが減少した場合です。ほかのレポートも確認し、原因を調べて対応しましょう。

　よくある原因として考えられるのは、サーバーの不調です。新法則10を参照に［クロールエラー］を確認しましょう。適切にクロールできないと、ページがデータベースから削除されてしまうことがあります。また、クロールをブロックする設定のミスが原因となることもよくあります。新法則21を参考に、ブロックや削除したページを確認してください。

　このほかに、Googleのアルゴリズムの変化が原因となることも考えられます。「パンダアップデート」「ペンギンアップデート」と呼ばれるものが有名ですが、アルゴリズムが変化した結果、価値が低いと見なされたページがデータベースから削除されてしまうことがあります。この場合は対処が難しいですが、ウェブで情報を集め、Googleのガイドラインも確認しながら、サイトに評価を落とす原因がないか確認しましょう。

◆ インデックスステータスを確認する

操作手順　Googleインデックス　▶　インデックスステータス

時系列でインデックスされた
ページ数の変動を確認できる

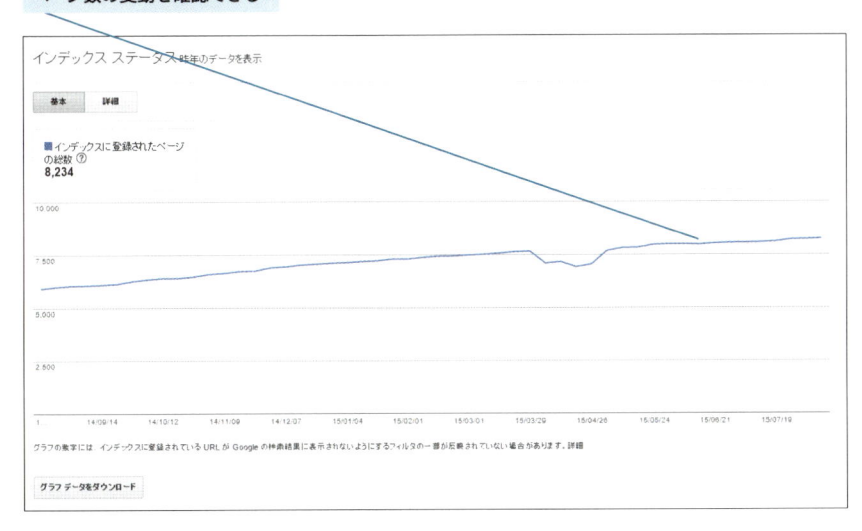

関連		
新法則10	サーバー障害が原因のクロールエラーがないよう注視する	P.44
新法則21	ブロックや削除をしたページの数を確認する	P.64
新法則46	Googleアナリティクスを定期レポートに活用する	P.112
新法則86	Googleのガイドラインを知り意図しないスパムを避ける	P.200

「インデックスされた数＝検索結果に表示される数」とは限らない

［インデックスステータス］画面で確認できる［インデックスに登録されたページの総数］は、検索結果に表示されるページの総数と必ずしもイコールではありません。Googleでは、インデックスから検索結果を作成するときに何らかの理由でフィルタを適用することがあり、このフィルタによって、インデックスされていながらも検索結果には表示されないことがあります。フィルタが適用される理由は、法的な理由、サイト管理者からのリクエスト、スパム対策などがあるとされています。

新法則 10

サイトエラー

サーバー障害が原因のクロールエラーがないよう注視する

サーバーの不具合は、Googlebotだけでなく一般のユーザーにとっても不便です。サーバー監視の一助としてSearch Consoleを利用しましょう。

■ 重要なサーバーの障害を察知して対策を取る

　何らかの原因でGooglebotがサイトをクロールできず、エラーとなってしまうことを「クロールエラー」と呼びます。クロールエラーが起こるとクロールがそもそも行われなくなったり、一度にクロールするページ量が減少したりして、SEOに深刻な悪影響が生じます。

　また、Googlebotはブラウザーと同じようにサイトにアクセスするので、一般のユーザーがアクセスするときにも問題が起こると考えられます。そのため、クロールエラーの早急な対応が必要です。

　Search Consoleでは［クロールエラー］画面から、クロールエラーを確認できます。ひと口にクロールエラーといっても、さまざまなエラーの種類と原因があり、とるべき対策も異なります。ここでは、もっとも根本的な問題で影響が大きい「サイトエラー」について解説します。

　［クロールエラー］画面の［サイトエラー］にある3つの項目に注目してください。緑のチェックマークが表示されているときは正常、赤の［！］マークが表示されているときは異常があることを表し、それぞれ、次のような意味があります。企業のサイトでは技術部門のエンジニアがサーバーの稼働状況を監視していることが多いと思いますが、Search Consoleも監視手段の1つとして利用しましょう。

［DNS］のエラー

　ブラウザーが「http://dekiru.net/」のように入力されたURLからサーバーにアクセスするためには、「DNS」（Domain Name Server）と呼ばれるサーバーにアクセスし、ドメイン名に対応したサーバーの場所（「IPアドレス」と呼ばれます）を調べる必要があります。

　［DNS］に表示されるエラーは、サーバーのIPアドレスを確認できずサイトにアクセスできなかったことを意味し、一般のユーザーにも同様の問題が起きていると考えられます。DNSを自社で管理している場合はエンジニアに連絡し、ドメイン取得サービスを利用している場合はその設定を確認して、問題を解決します。

[サーバー接続] のエラー

サーバーにアクセスしても接続できなかった場合に表示されるエラーです。サーバーマシンのダウンや、サーバーとインターネットを接続する回線の障害が原因として考えられます。エンジニアに連絡するか、レンタルサーバーを利用している場合は設定や障害情報を確認して、問題を解決します。

[robots.txtの取得] のエラー

Googlebotは、サイトをクロールするときにサイト内の「robots.txt」というファイルを取得しますが、robots.txtが取得できなかった場合はこのエラーが表示されます。robots.txtについて詳しくは新法則18を参照してください。robots.txtは必須ではないので、利用していない場合は、この項目がエラーでも問題ありません。

関連
- 新法則11 エラーの対処に必要な「HTTPステータスコード」を理解する ………… P.46
- 新法則12 404エラーはURLから原因を調べて対処する ………… P.48
- 新法則13 500エラーの解決にはエンジニアに協力を依頼する ………… P.50
- 新法則14 モバイル環境だけで起こるエラーに注意する ………… P.51
- 新法則15 確認や修正が済んだURLエラーを適切に処理する ………… P.52

◆ サイトエラーを確認する

操作手順 クロール ▶ クロールエラー

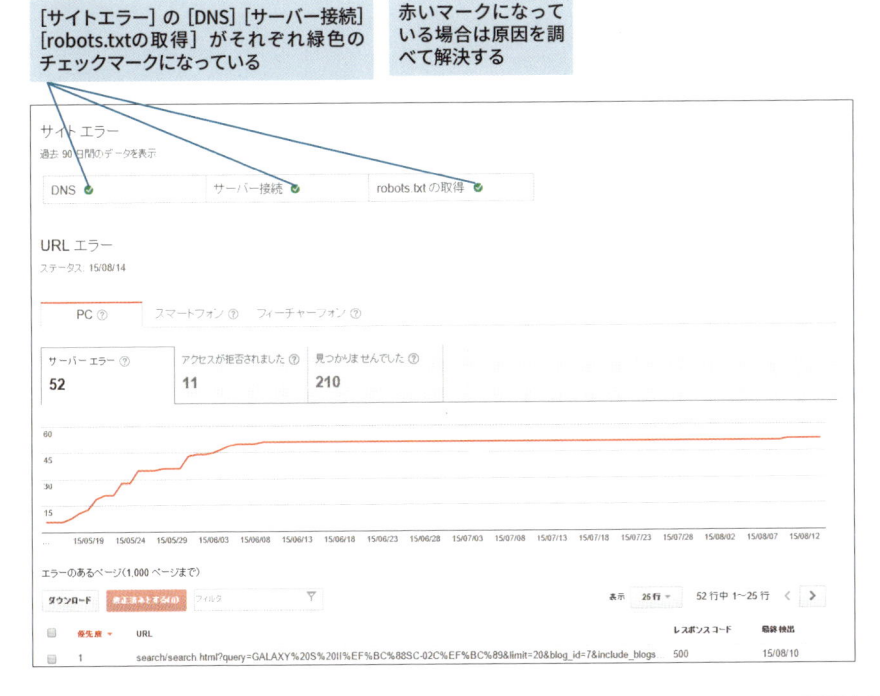

[サイトエラー] の [DNS] [サーバー接続] [robots.txtの取得] がそれぞれ緑色のチェックマークになっている

赤いマークになっている場合は原因を調べて解決する

新法則 11

HTTPステータスコード

エラーの対処に必要な「HTTPステータスコード」を理解する

クロールエラーに対処するため「HTTPステータスコード」を知っておきましょう。数字の組み合わせにより、意味と必要な対処が異なります。

■ 3桁の数字で、サーバーで何が起きたのかがわかる

　新法則10で解説した［サイトエラー］が発生していなくても、サイト内のファイルや、ページを表示するプログラムの動作に問題があって、クロールエラーが発生することがあります。このときは［クロールエラー］画面の下部にある［URLエラー］に、問題があったURLと［レスポンスコード］という3桁の数字が表示され、エラーの種類ごとに別々のタブで一覧表示されます。

　通常、ウェブを閲覧するユーザーが意識することはありませんが、ウェブサーバーでは、ブラウザーやクローラーからの「リクエスト」（要求）に対して、「レスポンス」（応答）としてデータを返す形で通信を行います。このときのレスポンスの種類を表す3桁の数字は、Search Consoleでは「レスポンスコード」と表示されますが、一般には「HTTPステータスコード」と呼ばれます。

　HTTPステータスコードの数字にはそれぞれ意味があり、サーバーでどのような問題が起きているのか大まかに把握できます。3桁の数字のうち1桁目がレスポンスのジャンル、2、3桁目が詳細な内容を表すようになっており、通常のウェブページへのアクセスでは、サーバーから「アクセス成功」を表すHTTPステータスコード「200」が送られ、続いてウェブページのデータが送られます。

　問題があってリクエストを適切に処理できなかった場合には「4××」または「5××」、ページが移転していたときには「3××」のHTTPステータスコードが送られ、何が起きているかが知らされます。エラーは発生したHTTPステータスコードを付けて「404エラー」「500エラー」のように呼ぶこともあります。

　次のページの表にある主要なエラーのHTTPステータスコードを、ひととおり覚えておきましょう。中でも［クロールエラー］画面で特に目にする機会が多く、注意して対処する必要があるのは404エラーと500エラーです。

関連　新法則12　404エラーはURLから原因を調べて対処する……P.48
　　　新法則13　500エラーの解決にはエンジニアに協力を依頼する……P.50

◆ HTTPステータスコード（レスポンスコード）を見る

操作手順 クロール ▶ クロールエラー

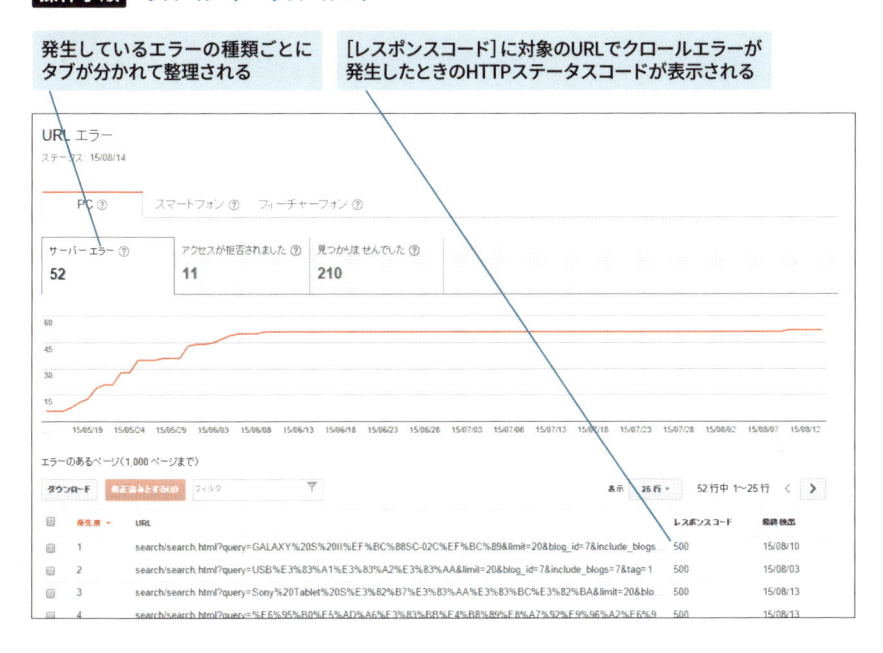

発生しているエラーの種類ごとに
タブが分かれて整理される

[レスポンスコード]に対象のURLでクロールエラーが
発生したときのHTTPステータスコードが表示される

◆ 主なHTTPステータスコード

コード	内容	意味
401	Unauthorized（未認証）	認証（ユーザーIDとパスワードの入力など）が必要なURLで認証できなかったことを示す。Googlebotにクロールされるべきリンクがこのエラーになっている場合は、誤って認証が設定されていないか確認し、解除する
403	Forbidden（禁止）	アクセス禁止を示す。アクセス権がない場合や、アクセス禁止処分を受けた場合などに返される。多くの場合、原因にはファイルやディレクトリのアクセス権（パーミッション）の設定ミスが考えられる。エンジニアに依頼してアクセス権を修正する
404	Not Found（未検出）	リクエストしたURLが存在しないことを示す。コンテンツを削除した場合や間違ったURLにアクセスした場合に返される。Googleは404が返されたURLをインデックスから削除する。考えられる原因と対処方法は新法則12で解説する
500	Internal Server Error（サーバーの内部エラー）	サーバー内部にてエラーが発生したことを示す。CMSなどのページを表示するプログラムの動作の問題や、プログラムの実行環境の問題が原因となる。考えられる原因と対処方法は新法則13で解説する
503	Service Unavailable（サービス利用不可）	過負荷やメンテナンスなどでサービスが一時的に使用不可能であることを示す。メンテナンス中などで意図的に設定していた場合は問題ない。過負荷などでこの状態が頻発する場合は、サーバーの環境を見直し、処理能力の強化などを検討する

新法則 12

URLエラー（404）の対処

404エラーはURLから原因を調べて対処する

404エラーは、原因によって対処法がまったく異なります。まずはURLを確認して原因を特定し、的確に対処しましょう。

第1章 クロールとインデックスの新法則

■ ファイルの問題かURLの問題か、原因を切り分ける

　サイトのクロールエラーでHTTPステータスコード404（未検出）のレスポンスがあったとき、Search Consoleでは［クロールエラー］画面の［URLエラー］に［見つかりませんでした］タブが表示され、問題のあったURLの一覧が表示されます。Googlebotがクロールできず404エラーが発生する原因には、次の3つが考えられます。

・正しいURLにアクセスしたが、ページが存在しなかった
・URLが間違っていて、存在しないページにアクセスしようとした
・意図的に削除したページだった

　次のページの手順を参考に、まずエラーになったURLが正しい（本来あるべき）ものか、間違ったURLではないかを確認しましょう。
　正しいURLのページが存在していなかった場合は、ファイルを正しく配置するなどして本来あるべきページを修復すれば、対処完了です。
　URLが間違っていた場合は、次のページの2番目の画面のように、404エラーになっているURLをクリックして［リンク元］タブに表示されるURLを確認し、リンク元のページを見てみましょう。URLが間違っている原因はURLの記述ミスのほか、ページが移転したのに古いURLを指定していた場合、リダイレクトのミスがあった場合などが考えられます。自社サイト内のリンク元やリダイレクトのミスは修正し、外部サイトの場合は、管理者にリンクの修正を依頼しましょう。
　意図的に削除したページの場合は、404エラーが発生すること自体は正常な動作なので問題ありません。しかし、無用なエラーが繰り返し起きないように、リンクを削除しましょう。こちらもリンク元のページを確認し、自社サイト内であればリンクの記述を削除し、外部サイトの場合はリンクの削除を依頼します。

| 関連 | 新法則11　エラーの対処に必要な「HTTPステータスコード」を理解する ……… P.46 |
| | 新法則15　確認や修正が済んだURLエラーを適切に処理する ……… P.52 |

◆ クロールエラーの詳細を確認する

操作手順　クロール ▶ クロールエラー

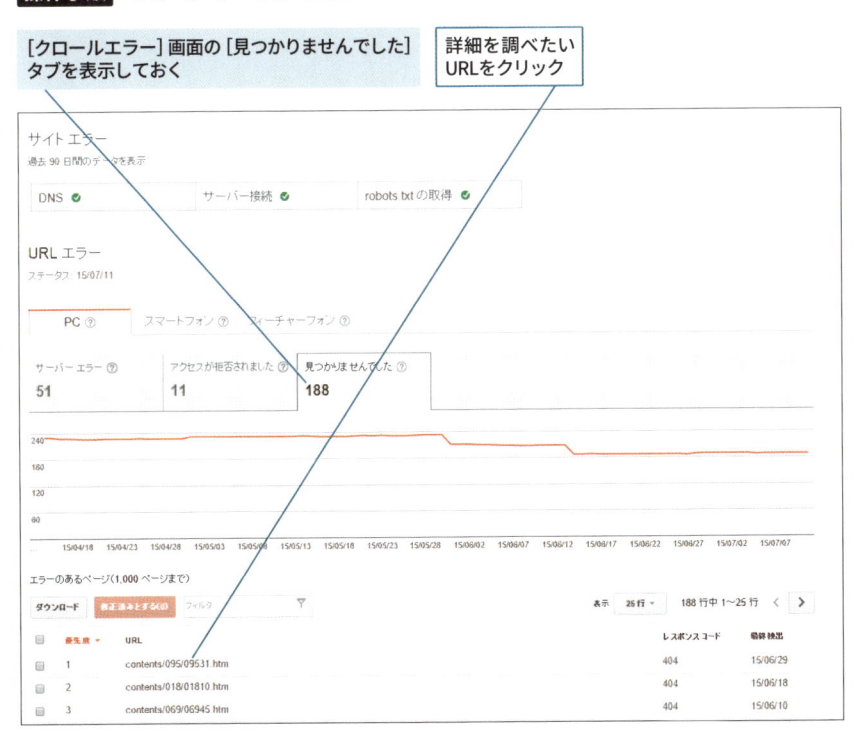

[クロールエラー]画面の[見つかりませんでした]タブを表示しておく

詳細を調べたいURLをクリック

サイト エラー
過去 90 日間のデータを表示

- DNS ✓
- サーバー接続 ✓
- robots.txt の取得 ✓

URL エラー
ステータス: 15/07/11

| PC ⑦ | スマートフォン ⑦ | フィーチャーフォン ⑦ |

サーバー エラー ⑦	アクセスが拒否されました ⑦	見つかりませんでした ⑦
51	11	188

エラーのあるページ(1,000 ページまで)

	発生日 ▼	URL		レスポンス コード	最終 検出
☐	1	contents/095/09531.htm		404	15/06/29
☐	2	contents/018/01810.htm		404	15/06/18
☐	3	contents/069/06945.htm		404	15/06/10

詳細情報が表示された

URLをクリックするとエラーになったURLにアクセスできる

見つかりませんでした

URL: http://dekiru.net/contents/095/09531.htm

| エラーの詳細 | **リンク元** |

- http://dekiru.net/article/3512/
- http://　　　　　　095/09543.htm
- http://bit.ly/17n40h9

一部の URL が表示されない可能性もあります。

[修正済みとする]　[キャンセル]　Fetch as Google ⑦

[リンク元]タブのURLをクリックするとサイト内外のリンク元にアクセスできる

新法則 13

URLエラー（500、503）の対処
500エラーの解決には
エンジニアに協力を依頼する

500エラーは、ページを表示するプログラムでエラーが起きたことを表します。解決のためにはエンジニアの協力が必要です。

■ サーバー上のプログラムの不具合などが原因

　500エラーが発生すると、新法則12で解説した404エラーと同じ形で、[クロールエラー]画面の[URLエラー]に[サーバーエラー]タブが表示され、500エラーが発生したURLが表示されます。

　このエラーは、アクセスしようとしたURLにあるページを表示するために必要なプログラムが、何らかの原因で動作に失敗したために起こります。例えば、オンラインショップやフォームなどのページで500エラーが頻繁に発生するときには、それらのプログラム、またはプログラムを動かすサーバー自体に問題がある可能性があります。

　大まかな原因の診断を行うには、エラーとなったURLにブラウザーでアクセスします。数回アクセスしても常にエラーとなる場合は、サーバーやプログラムに不具合が起きていると考えられ、緊急のメンテナンスが必要になります。自分がアクセスしたときに問題なく表示されるのであれば、一時的な負荷上昇のためにプログラムが動かなくなっていたか、特定の条件でのみ発生するプログラムのバグが原因だと推測できます。

　プログラムやサーバーの問題を解決するには、エンジニアの協力が必要です。どのURLで問題が発生し、いつ検出されたのか、といった情報を共有し、原因を調べて解決を図りましょう。

　一時的なアクセス集中などによりサーバーがダウンしたときは、503エラーが発生することがあります。一時的なものであれば対処は不要と判断されることもありますが、もし頻発するようであれば、サーバーの増強を考える必要があるでしょう。この場合もエンジニアに協力を依頼し、相談します。

関連		
新法則11	エラーの対処に必要な「HTTPステータスコード」を理解する	P.46
新法則15	確認や修正が済んだURLエラーを適切に処理する	P.52
新法則84	トラブル発生時はSEOへの悪影響を抑えつつサイトを隔離する	P.196

新法則 14

閲覧環境の違いによるエラーの確認

モバイル環境だけで起こるエラーに注意する

パソコン用とスマートフォン用でコンテンツを分けている場合、特定の環境だけでエラーが出る可能性があります。環境による違いを確認し、修正しましょう。

■ モバイルコンテンツ用プログラムの問題などを確認する

　Googlebotにはパソコン（PC）用、スマートフォン用、フィーチャーフォン用の3種類があり、ユーザーの環境を判別してパソコン用とモバイル用に振り分けるサイトでは、3種類のクローラーがそれぞれの対応サイトをクロールします。

　［クロールエラー］画面の［URLエラー］には［PC］［スマートフォン］［フィーチャーフォン］のタブがあり、パソコン用では発生せず、スマートフォン用、またはフィーチャーフォン用だけで発生したエラーがあった場合、それぞれのタブに表示されます。

　よくある例は、モバイル向けページを削除してしまった404エラーや、モバイルコンテンツ用プログラムの不具合による500エラーなどです。解決方法はパソコン用ページと変わりません。URLから原因を調べ、解決を図りましょう。

関連		
新法則12	404エラーはURLから原因を調べて対処する	P.44
新法則13	500エラーの解決にはエンジニアに協力を依頼する	P.46

操作手順 クロール ▶ クロールエラー

［スマートフォン］タブをクリックするとスマートフォンだけで発生するエラーが確認できる

［フィーチャーフォン］タブをクリックするとフィーチャーフォンだけで発生するエラーが確認できる

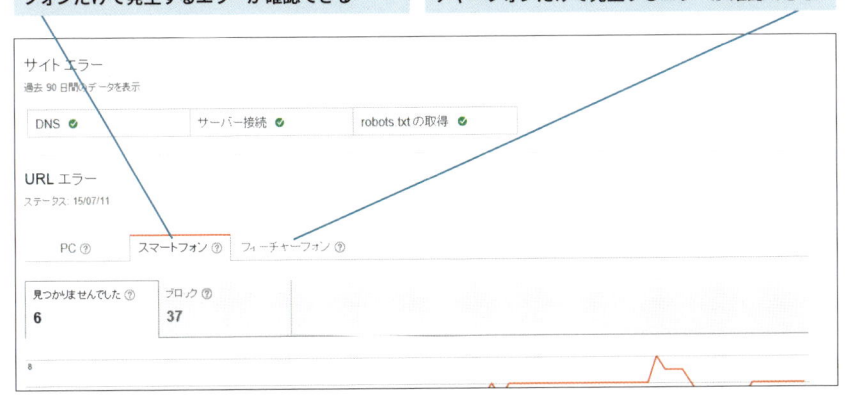

第1章 クロールとインデックスの新法則

新法則 15

URLエラーの修正済み処理

確認や修正が済んだURLエラーを適切に処理する

［URLエラー］の問題に対処したら、手動で「修正済み」にする処理を行います。ときどき修正済みにして、未対処のエラーを発見しやすくしましょう。

■ 対処済みのエラーを消して管理しやすくする

　新法則12～14で解説した［クロールエラー］画面の［URLエラー］に表示される問題に対処したら、一覧から該当のURLを「修正済み」にしていきます。

　［URLエラー］に表示されるURLは、対処をしても自動的に消えることはありません。［最終検出］の日付を見ることで直近に起きたエラーかどうかはわかりますが、一覧には残り続けます。そこで、対処が必要なエラーだけが見えるようにして管理しやすくするために、対処済みのURLは一覧から削除していきましょう。

　いったん一覧から削除しても、同じURLエラーが発生したときは、再び表示されます。そのため、誤って未対処のURLを削除しても、心配する必要はありません。サイトの大幅なリニューアルをしたときなどは、いったんすべてのURLエラーを「修正済み」にして、再び表示されたエラーに対処していくようにした方が効率的です。

「ソフト404」とは？

　［クロールエラー］画面の［URLエラー］に、［ソフト404］というタブが表示されることがあります。ソフト404とは、存在しないURLにアクセスしたときにサーバーが404エラーを発生させず、別の処理をしてしまうことです。ウェブサーバーでは404エラーが発生したときに「404エラーページ」を表示する機能を持っていますが（新法則96を参照）、404エラーページの機能を使わずに、正常なアクセス（HTTPステータスコード200）として処理しながら「見つかりませんでした」というページを表示している場合などは、ソフト404として扱われます。ソフト404では、Googlebotが正しく「コンテンツが存在しないURLである」と判断できず、「見つかりませんでした」ページをクロールして、インデックスしてしまうことがあります。サイトで［ソフト404］が確認されたら、エンジニアに依頼して正しい404エラーの表示に修正しましょう。

◆URLエラーを「修正済み」にする

操作手順 クロール ▶ クロールエラー

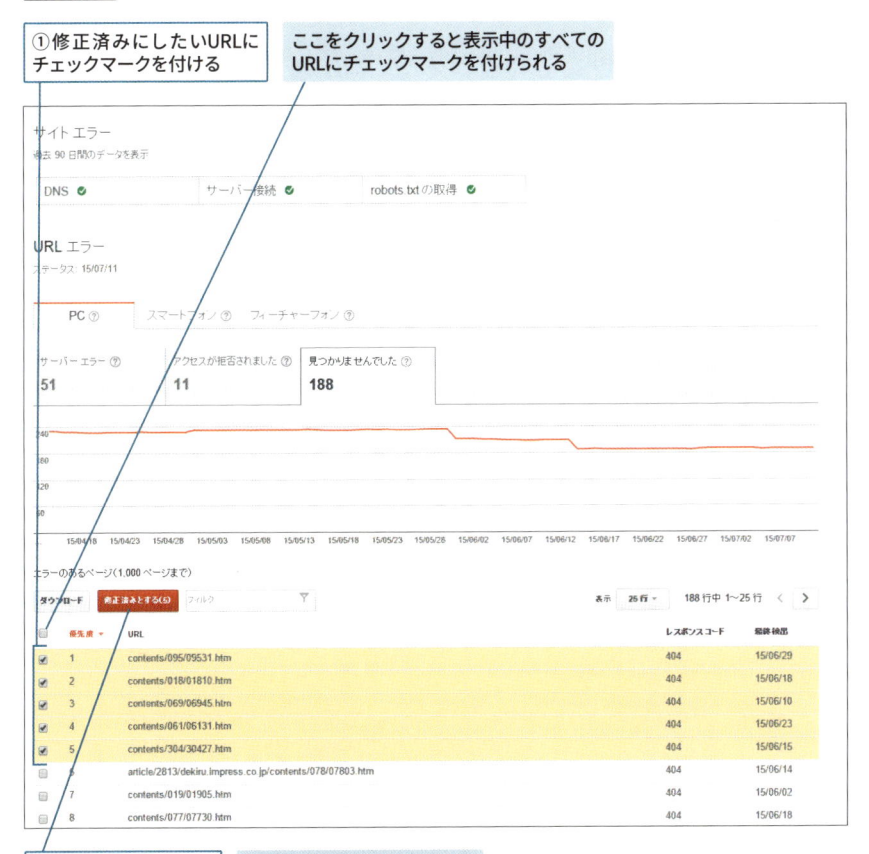

① 修正済みにしたいURLにチェックマークを付ける

ここをクリックすると表示中のすべてのURLにチェックマークを付けられる

② [修正済みとする] をクリック

チェックマークを付けていたURLが消去される

URLエラーの [優先度] とは？

URLエラーに表示される [優先度] は、Googleがエラーをランク付けして、対処可能なものほど上位になります。例えば、サイト内のリンク切れ（404）の修正や、サーバー上のプログラムの修正（500）などが対処可能なエラーの例です。さらに、対象となるURLがサイトマップに含まれているか、そのURLへのリンクがいくつあるか、エラーが最近発生したかなど、さまざまな要因に基づいてランクが決定されます。修正を行うときには優先度の高いものから修正していけば、もっとも効率よく重要なエラーに対処できます。

新法則 16

クロールの統計情報

Googlebotの活動傾向からサイトの問題を読み取る

Googlebotの活動傾向の長期的な変化は、サイトの問題を把握するヒントになります。特に注意したいのは、ページのダウンロード時間の変化です。

■ クロールされたページ数などの長期的な傾向を見る

　サイトが順調に運営され、定期的な更新が行われているとき、Googlebotは高い頻度でサイトをクロールし、最新のデータを収集します。しかし、サイトに問題があったり、何らかの要因でGoogleに重要なサイトではないと認識されたりすると、クロールの頻度は落ちる傾向があります。

　Googlebotの活動状況は、［クロールの統計情報］画面で見ることができます。Googleがサイトをどのように認識しているかを知る目安として、1週間～1カ月に1回程度を目安に確認するようにしましょう。短期間で大きな動きが見られる大規模サイトでは、こまめに確認します。

　［クロールの統計情報］画面では、サイトにおける過去90日間のGooglebotの活動傾向を、3つのグラフによって確認できます。日ごとにGooglebotの活動量は異なるので、毎日の細かな上下は気にする必要はありません。長期的な傾向を見て、注意を要する変化がないか確認しましょう。

　1つ目のグラフ［1日あたりのクロールされたページ数］は、サイト内のクロールされたページを表します。グラフが上昇傾向であれば1日あたりにクロールするページ数が増えているので、問題はありません。一方で、長期的な下降を続ける傾向が見られるときは、何らかの原因でGooglebotが巡回するページ数が減っていることになり、注意が必要です。クロールエラーが発生していないか、ページのダウンロード時間が上昇していないかなど、サーバーの異状を示す兆候がないか確認しましょう。

　2つ目の［1日にダウンロードされるキロバイト（KB）数］は、クローラーが読み込んだ（ダウンロードした）データの容量を表します。このグラフは［1日あたりのクロールされたページ数］と比例して増減する傾向となります。

■ ダウンロード時間の上昇には要注意

　3つ目の［ページのダウンロード時間（ミリ秒）］は、Googlebotがウェブページをダウ

ンロードするのに要した時間の平均です。これが、3つの中でもっとも注目するべきグラフです。ダウンロード時間が徐々に増加していたり、あるときを境に高く（長く）なっていたりしないか注視しましょう。

　ダウンロード時間が長くなると、Googlebotは多くのページを巡回できずにサイトから離脱してしまうことがあるため、SEOで不利になる可能性があります。また、サイトを訪問するユーザーにも「表示が重い」と感じさせることになります。

　原因としては、サーバーの不調により通信がうまくいかない、コンテンツの容量が増えたため通信に時間がかかっている、などが考えられます。サーバーに問題がないか確認すると同時に、第4章で解説するサイト高速化の方法も参考に、ダウンロード時間の短縮を図りましょう。

関連
- 新法則9　インデックスされたページの短期間での減少に注意する……………P.42
- 新法則10　サーバー障害が原因のクロールエラーがないよう注視する……………P.44

◆ クロールの統計情報を確認する

操作手順　クロール ▶ クロールの統計情報

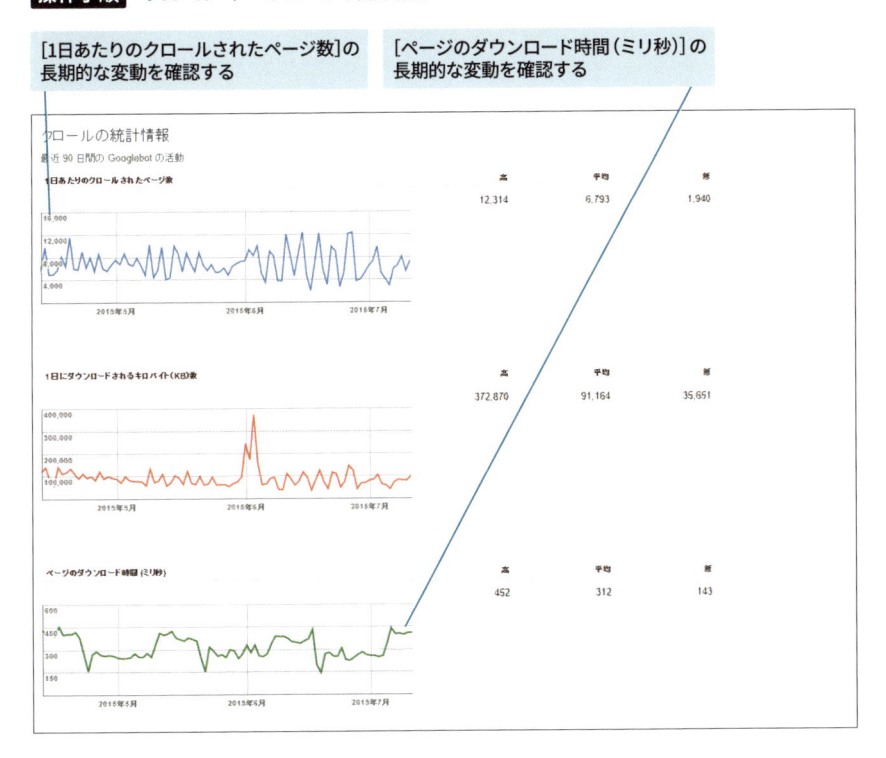

[1日あたりのクロールされたページ数]の長期的な変動を確認する

[ページのダウンロード時間（ミリ秒）]の長期的な変動を確認する

新法則 17

クロールのブロックとインデックス拒否

ページを検索させないための3つの方法を知る

すべてのページが検索の対象になるべきだとは限りません。検索される必要のないページがあり、検索させない方法が存在することを知っておきましょう。

■ 検索されることが適切でないケースもある

　サイトの中には、検索されたくないページや、検索されても意味がないページも存在します。例えば、同じサーバー上にテストサイトがある場合は、インデックスされることで重複コンテンツとみなされるおそれがあります。また、フォームの確認ページやサンクスページなどは、検索されても意味がありません。サイト内検索の結果もGoogleの検索対象としての必要性は低く、また重複を起こしやすくなります。

　深刻なケースとしては、公開してはいけない機密情報のファイルを誤ってサーバーにアップロードしてしまうなど、ミスによって公開された情報を削除したい場合も考えられます。検索されないようにする主な方法には、次の3つがあります。

「robots.txt」でクローラーをブロックする

　クロールをブロックするもっとも一般的な方法は、「robots.txt」というファイルをサーバーの所定の場所に置くものです。「robots.txt」とは、サイトにアクセスした検索エンジンのクローラー（「ロボット」と呼ばれることもある）に対する命令を記述したテキストファイルです。

　Googlebotは、最初にrobots.txtを参照し、記述された命令に従って動きます。命令には、特定のディレクトリやファイルへのアクセスの許可／ブロックなどを設定できます。robots.txtを正しく使うために、Search Consoleにはrobots.txtのテストツールが用意されています。テストの方法について詳しくは次の新法則18を参照してください。

「meta」要素の「noindex」でインデックスを拒否する

　HTML文書の「head」要素内に「content="noindex"」という属性を持つ「meta」要素を記述することで、そのページのインデックスを拒否できます。robots.txtでブロックしていないページで、インデックスされる必要がないページに使います。詳しくは新法則19を参照してください。

緊急避難的に使う［URLの削除］

Search Consoleには［URLの削除］という機能もあり、「削除リクエスト」としてサイトのURLを指定することで、そのURLを検索結果から削除できます。「URLの削除」という名前だけを聞くと便利に使えそうですが、この機能は、機密情報などの公開してはいけない情報を誤って公開してしまい、検索結果から削除したい場合のような緊急時にだけ使うことが想定されています。詳しくは新法則20を参照してください。

関連
新法則18　robots.txtは設置前に必ず動作テストをする……………………………………P.58
新法則19　「noindex」で、ページのインデックスを拒否する…………………………………P.61
新法則20　誤って公開した機密情報は検索結果からの削除を申請する………………………P.62

インデックスに影響する「URLパラメータ」

商品のカタログやサイト内検索の結果など、プログラムによって表示されているページで、URLの末尾に「?○○○=××」といった長い文字列が付いていることがあります。これを「URLパラメータ」と呼びます。URLパラメータにより、URLは変わっても内容がほとんど変わらないページが多数存在することが多いため、Googlebotはサイトのパラメータを認識し、コンテンツに影響するパラメータか、影響しないパラメータかを自動判別しています。［クロール］メニューの［URLパラメータ］画面でサイトのURLパラメータを確認できますが、この画面には触れないでおきましょう。使用しているURLパラメータを正確に把握している人以外がコンテンツに影響するパラメータを誤って「影響しない」と設定してしまうと、重要なページが大量にデータベースから削除されてしまうなど、大変なトラブルが起こることがあります。

通常の［URLパラメータ］画面では「現在のところ、Googlebotでサイトの検出に関する問題は発生していないため、URLパラメータを設定する必要はありません。」と表示され、不用意に操作できないようになっている。

新法則 18

robots.txtの作成とテスト
robots.txtは設置前に必ず動作テストをする

「robots.txt」は、ちょっとした記述ミスが大きなトラブルにつながります。設置前に、必ずSearch Consoleで動作をテストしましょう。

■ 重大な問題となるrobots.txtのミスを避ける

「robots.txt」はクロールをブロックするために使われる機会が多いですが、設定ミスにより重要なコンテンツがクロールされなくなってしまうこともあります。そこで、Search Consoleではrobots.txtの記述ミスのチェックや、URLごとのクロールの許可／ブロック状況を確認できる［robots.txtテスター］を提供しています。

robots.txtに記述できる主な内容は、以下の表を参照してください。クロールをブロックするためのrobots.txtでは「Disallow」だけを指定すればよく、「User-Agent」や「Allow」「Sitemaps」の記述は必ずしも必要ではありません。

robots.txtの記述ができたら、テストで主要なコンテンツのURLをひととおり確認し、ブロックしたいディレクトリが適切にブロックされているか、そうでないディレクトリは問題なくクロールできる状態になっているかを確認します。テストが完了したらサーバーに設置して、もう一度［robots.txtテスター］で内容を確認しておきましょう。

関連　新法則21　ブロックや削除をしたページの数を確認する……………………………… P.64

◆ robots.txtに記述できる主な内容

命令	記述例	機能
User-Agent	User-Agent: *	特定のユーザーエージェント（ブラウザーやクローラー）に対してのみ命令を記述したい場合に利用する。「*」はすべてのユーザーエージェントを指す場合に記述する
Allow	Allow: /	指定したディレクトリへのアクセス（クロール）を許可する。ディレクトリ名はサイトのルートから記述し、「http://dekiru.net/」で「/」と記述した場合は「http://dekiru.net/」以下のすべてのディレクトリを指す
Disallow	Disallow: /s/	指定したディレクトリへのアクセス（クロール）を不許可とする。ディレクトリ名はサイトのルートから記述し、「http://dekiru.net/」で「/s/」と記述した場合は「http://dekiru.net/s/」以下のすべてのディレクトリを指す
Sitemap	Sitemap: http://dekiru.net/sitemap.xml	サイトマップ（新法則8を参照）のURLを知らせる

◆ robots.txtの動作をテストする

操作手順 クロール ▶ robots.txtテスター

①このフォームでrobots.txtの内容を編集

サイトにrobots.txtがある場合はその内容が表示される

記述にエラーがある場合はメッセージが表示される

②テストしたいURLを入力

③[テスト]をクリック

URLがブロックされたため[ブロック済み]と表示された

ブロックされていない場合は[許可済み]と表示される

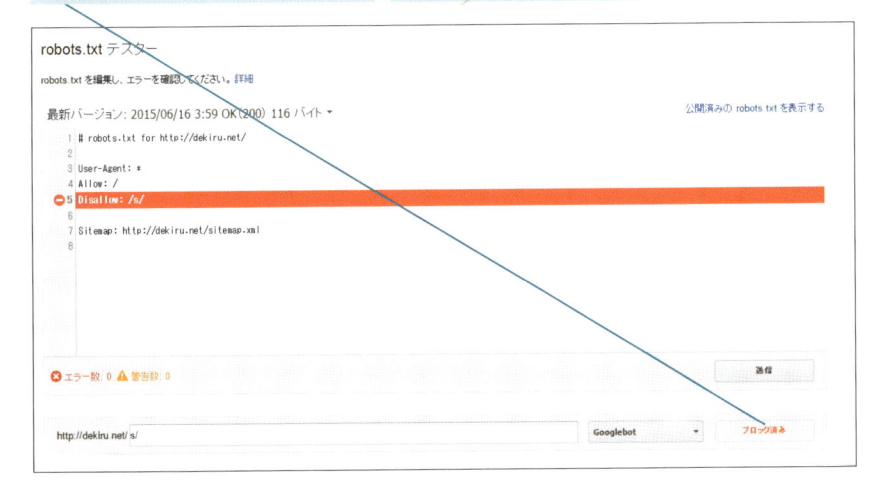

主要なURLが正しく許可／ブロックされているか確認する

④フォームの内容をコピーし「robots.txt」というフォルダで保存

次のページに続く

◆robots.txtをアップロードし、確認する

①ファイル転送ソフトでサイトのルートディレクトリにrobots.txtをアップロード

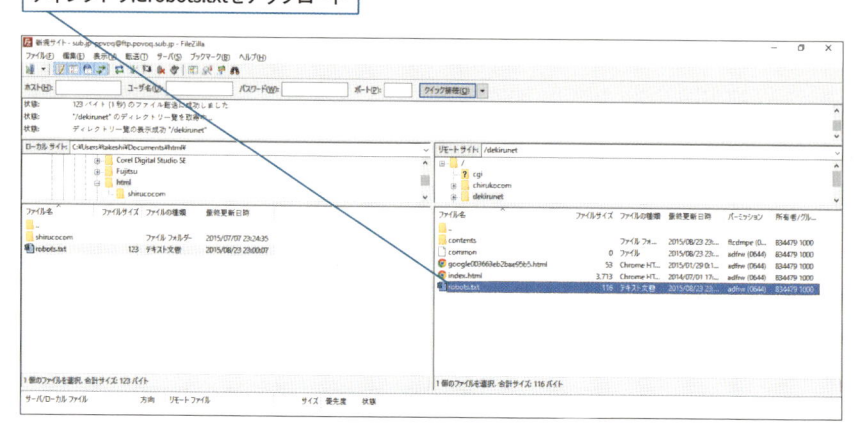

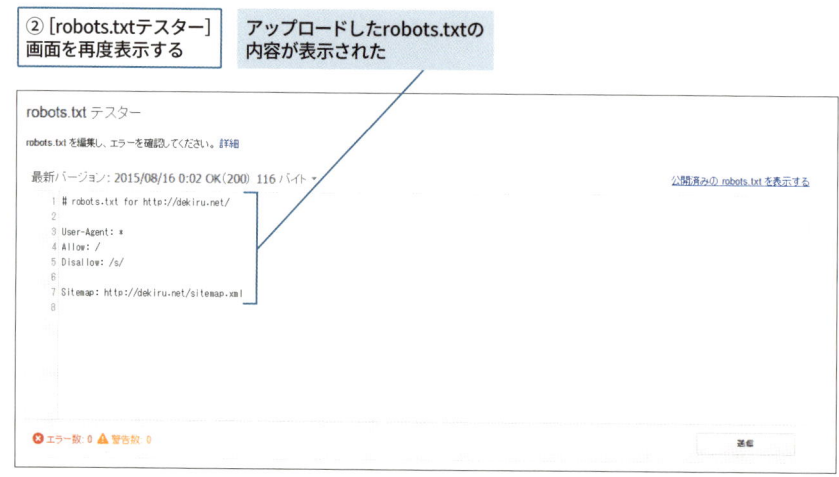

②[robots.txtテスター]画面を再度表示する

アップロードしたrobots.txtの内容が表示された

新法則 19

noindex

「noindex」で、ページのインデックスを拒否する

1行の「meta」要素を書き込むことで、ページがインデックスされないようにできます。記述方法と、robots.txtとの使い分けを知っておきましょう。

■ クロールされたあとでインデックスを拒否する

　HTML文書の「head」要素内に、下で解説する「meta」要素を記述することで、そのページのインデックスを拒否できます。フォームの確認ページやサンクスページ、インデックスさせたくないサイト内検索結果ページのような、Googleで検索される必要がないページでは、この「meta」要素を加えておくことでインデックスを拒否できるので、使いやすくて確実な方法となります。

　新法則18ではrobots.txtによりクロールをブロックする方法を解説しましたが、noindexはクローラーが認識することで効果を発揮するので、Googlebotがクロール可能なページでないと意味がありません。

　noindexは、サーバーにアクセスしてファイルをアップロードする権利はないものの個別ページのHTMLは編集できる場合や、クロール可能なディレクトリ内で一部のページだけをブロックしたい場合に便利な方法です。

> **関連**
> 新法則18　robots.txtは設置前に必ず動作テストをする……………………………………… P.58
> 新法則21　ブロックや削除をしたページの数を確認する ……………………………………… P.64

◆ インデックスを拒否する「meta」要素

```
<meta name="robots" content="noindex">
```

「name="robots"」と「content="noindex"」の属性で、検索エンジンのクローラーに対し、インデックスを拒否することを表す。

第1章　クロールとインデックスの新法則

新法則 20

URLの削除

誤って公開した機密情報は検索結果からの削除を申請する

[URLの削除]は、緊急時にだけ使うことが想定された機能です。公開するべきでないファイルをサーバーに置いてしまったときなどに利用します。

■ 削除のリクエストをしたら、すぐにファイルを削除する

　[URLの削除]は「URL一時ブロックツール」とも呼ばれます。robots.txtやnoindexとは役割が違い、緊急に検索結果から削除したいURLがあるときに利用するべき機能です。主な用途としては、機密情報のファイルを誤ってサーバーにアップロードしてしまったなど、検索されることで何らかの被害につながるような場合が想定されています。

　次のページの手順を参考に、URLの削除のリクエストを行いましょう。しばらく待つとリクエストが承認され、検索結果に表示されなくなります。待つ期間は不定期ですが、Googlebotが次にサイトをクロールし、インデックスを再構築するときとされています。

　この状態は、あくまで一時的であることに注意が必要です。リクエストによって検索結果から削除された状態は約90日間だけで、それ以降もまだ同じURLにファイルがあれば、再びクロールされ、インデックスされる可能性があります。

　そこで、削除のリクエストを行ったら、すぐにサーバーからファイルを削除します。ファイルを削除したら、該当のURLにはリダイレクトなどを設定せずに削除したままにしておきましょう。URLがインデックスから削除されるためには、HTTPステータスコード404の状態になっている必要があるからです。また、ほかのページから該当のURLにリンクしていたときは、すべてのリンクを削除しておきます。

削除したファイルが検索結果から消えないときは

サーバーから削除したファイルを検索結果から削除したい場合は、[古いコンテンツの削除]から削除のリクエストができます。通常はファイルを削除してしばらくするとGoogleのデータベースから自動的に削除されますが、いつまでも削除されない場合に使います。

古いコンテンツの削除
https://www.google.com/webmasters/tools/removals

◆ URLの削除をリクエストする

操作手順　クロール ▶ URLの削除

① [新しい削除リクエストを作成] をクリック
② URLを入力
③ [続行] をクリック

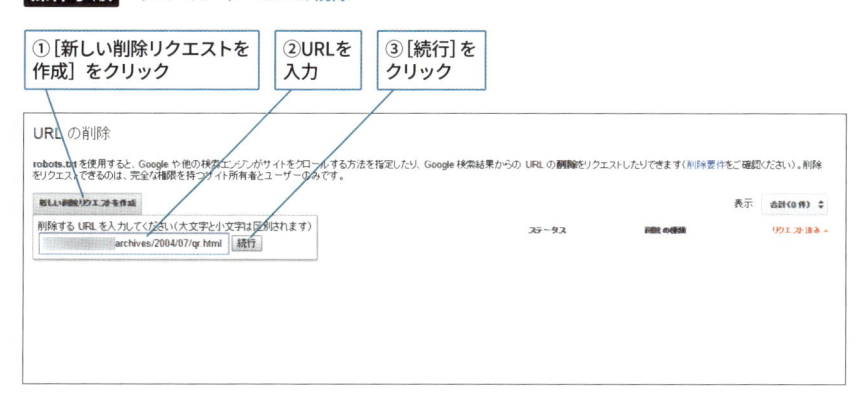

URL の削除
robots.txtを使用すると、Googleや他の検索エンジンがサイトをクロールする方法を指定したり、Google 検索結果からの URL の削除をリクエストしたりできます（削除要件をご確認ください）。削除をリクエストできるのは、完全な権限を持つサイト所有者とユーザーのみです。

削除する URL を入力してください（大文字と小文字は区別されます）
archives/2004/07/qr.html　続行

入力したURLが表示された
④ [リクエストを送信] をクリック

URL：　archives/2004/07/qr.html
理由：　検索結果とキャッシュからページを削除　▼
サイトの所有者がページを削除したか、検索エンジンからブロックした。
キャンセル　リクエストを送信

URLの削除リクエストが送信された
[ステータス] に [保留中] と表示された
削除の処理が完了すると「削除されました」と表示される

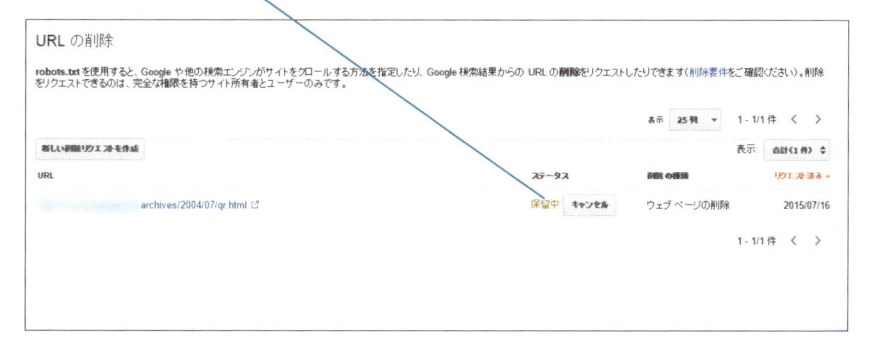

URL の削除
robots.txtを使用すると、Googleや他の検索エンジンがサイトをクロールする方法を指定したり、Google 検索結果からの URL の削除をリクエストしたりできます（削除要件をご確認ください）。削除をリクエストできるのは、完全な権限を持つサイト所有者とユーザーのみです。

URL	ステータス	削除の種類	リクエスト済み
archives/2004/07/qr.html	保留中　キャンセル	ウェブページの削除	2015/07/16

サーバーからファイルを削除しておく

関連　新法則21　ブロックや削除をしたページの数を確認する　……………… P.64

第1章　クロールとインデックスの新法則

新法則 21

インデックスステータスの詳細

ブロックや削除をしたページの数を確認する

ブロックされたページや検索結果から削除されたページの数を確認できます。想定と大きなずれがある場合は、ブロックの設定を再確認しましょう。

■ インデックスの減少をグラフと数値で見る

　［インデックスステータス］画面で［詳細］を表示すると、［ロボットによりブロック済み］として、ブロックされたURLの数が表示されます。新法則18を参考にrobots.txtを設置したら、適切にクロールをブロックできたか確認するために、この画面を利用しましょう。また、新法則20で解説した［URLの削除］による削除の結果も、この画面に反映されます。

　robots.txtの設置後にクロールが行われ、その情報がSearch Consoleに反映されるまでには、数日程度の時間がかかります。そのため、［インデックスステータス］画面でのブロック済みのURLの確認は、robots.txtを設置した直後ではなく、数日～1週間程度は経過してから行うようにしましょう。［URLの削除］の場合、［インデックスステータス］画面に反映されるまでには、削除が実行されてから数日待つ必要があります。

　インデックスされているページの数が数千ページあるのに対して、ブロックや削除をしたページが数十ページ程度と少ない場合には、スケールの関係で［インデックスステータス］画面のグラフの変動が見えにくくなります。そのため、次のページの手順のようにして、ブロックや削除をしたページの数だけを表示するようにします。

　robots.txtが反映されたと見られる変動があったあと、ブロックしたページの数が想定よりも多すぎる、または少なすぎる場合には、適切なブロックが設定できていない可能性があります。もう一度［robots.txtテスター］でブロックの設定を確認しましょう。削除されたページの数が合わないときは、［URLの削除］画面で、削除リクエストの状態を確認します。

関連			
	新法則9	インデックスされたページの短期間での減少に注意する	P.42
	新法則18	robots.txtは設置前に必ず動作テストをする	P.58
	新法則20	誤って公開した機密情報は検索結果からの削除を申請する	P.62

◆ インデックスステータスの詳細を確認する

操作手順 Googleインデックス ▶ インデックスステータス

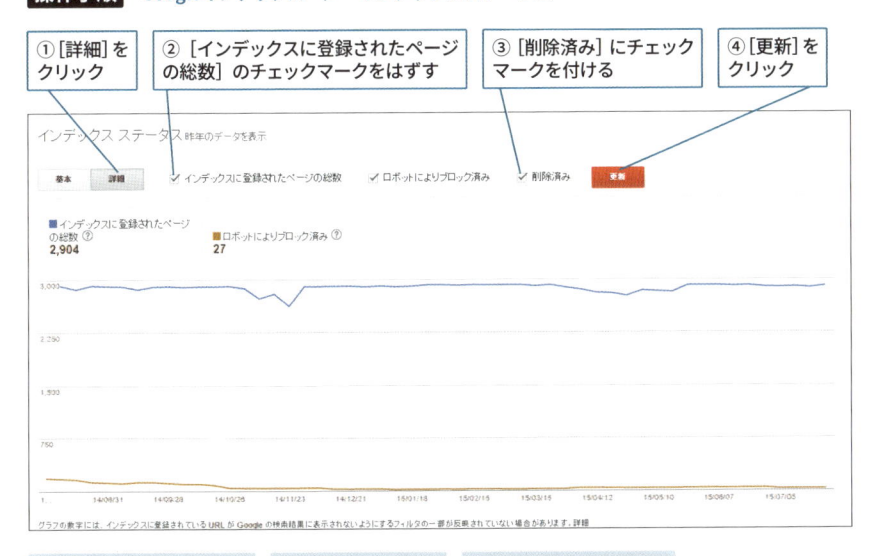

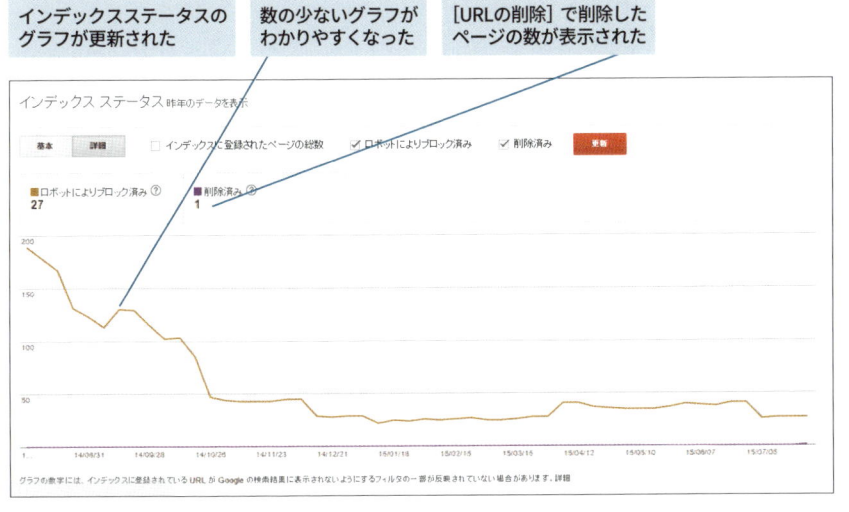

①[詳細]をクリック

②[インデックスに登録されたページの総数]のチェックマークをはずす

③[削除済み]にチェックマークを付ける

④[更新]をクリック

インデックスステータスのグラフが更新された

数の少ないグラフがわかりやすくなった

[URLの削除]で削除したページの数が表示された

新法則 22

レンダリングの確認
Googlebotのレンダリングに問題がないか確認する

最近のGooglebotは高機能化し、CSSやJavaScriptを解釈できます。Googlebotがどのようにページを見ているかを確認しましょう。

■ デザインよりもCSSやJavaScriptの取得状況に注目する

　新法則3で解説した［Fetch as Google］では、入力したURLのGooglebotによるレンダリング（読み込んだデータからウェブページの画面を生成すること）をリクエストできます。一般のブラウザーでは問題なく表示できるコンテンツやリンクがレンダリングできないと、内容が取得できずインデックスされなかったり、リンクが取得できずクロールできなかったりといった問題が起こる可能性があります。デザインを大幅に変更したときなどには、レンダリングをテストしましょう。

　昔のクローラーと違い、現在のGooglebotは高機能で、CSSやJavaScriptも解釈でき、一般のブラウザーとほとんど同じレンダリングが可能です。しかし、Flashなど解釈できないコンテンツのタイプもあります。また、CSSファイルやJavaScriptファイルなどが取得できなかった場合には、ページの一部を適切にレンダリングできません。

　ここでレンダリングをテストする目的は「きちんと（崩れなどがなく）ページが表示されているか」よりも「コンテンツやリンクが適切に解釈され、クロールおよびインデックスがされるか」を確認することです。CSSが適切に読み込まれて、ページのレイアウトやデザインが反映されているか、JavaScriptを利用したメニューなどがある場合は、それらも問題なく表示できているかを、特に注意してチェックしましょう。

　レンダリングをテストした結果、Googlebotが取得できなかったCSSやJavaScriptのファイルがあったときは、ページの表示が崩れ、レンダリングの結果画面の下に［取得できなかったリソース］として表示されます。一般のブラウザーでは取得できているファイルがGooglebotには取得できない場合、robots.txtによりブロックされている可能性が考えられます。新法則24を参考に［ブロックされたリソース］画面で、CSSやJavaScriptのファイルをブロックしていないか確認しましょう。

関連	新法則23	回数の上限を意識しながらページの追加、更新を申請する	P.69
	新法則24	CSSやJavaScriptを不用意にブロックしていないか調査する	P.70

◆ Googlebotによるレンダリングのテストをする

操作手順　クロール ▶ Fetch as Google

①URLを入力
②[取得してレンダリング]をクリック

[パス]に入力したURLが表示された
[ステータス]が[保留]から[完了]または[一部]になるまで待つ
③URLをクリック

Googlebotのレンダリングの結果が左に、一般のブラウザーでのレンダリング結果が右に表示された
レンダリングの結果を比較する
ページ下部に取得できなかったリソース(ファイル)が表示された

次のページに続く

Googlebotの種類は［PC］を使う

［Fetch as Google］では、レンダリングのときにGooglebotの種類を選択できます。［PC］（パソコン）、［モバイル：スマートフォン］のほか、フィーチャーフォン用の［モバイル：XHTML/WML］と［モバイル：cHTML］の4種類がありますが、通常は［PC］のままで構いません。スマートフォン専用のページでは［モバイル：スマートフォン］を選択します。

サーバーからのレスポンスやダウンロード時間も見られる

レンダリングの結果画面で［取得］タブをクリックすると、［ダウンロードされたHTTPレスポンス］とダウンロード時間が表示されます。HTTPレスポンスにはHTTPステータスコード（新法則11を参照）やページのHTMLが表示され、正常に取得できた場合は、HTTPステータスコード「200」から始まっていることがわかります。ダウンロード時間は長すぎないか確認しておく必要がありますが、表示スピードの改善には、第4章で解説する「PageSpeed Insights」が便利です。参考程度に見ておきましょう。

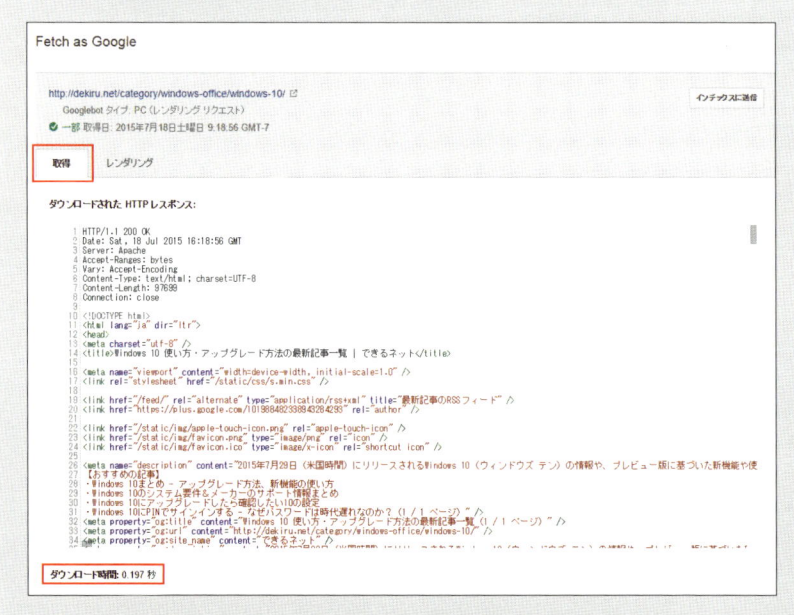

［取得］タブで、HTTPレスポンスのほかダウンロード時間を確認できる。

新法則 23

テストしたページのインデックス送信

回数の上限を意識しながらページの追加、更新を申請する

［Fetch as Google］は、ページの追加や更新をすばやくインデックスに反映させるためにも使えます。回数を意識しながら有効活用しましょう。

■ 1カ月あたり500件を上限に利用できる

　ページを追加、更新したときには、できるだけ早くインデックスされたいものです。［Fetch as Google］で該当ページのURLを入力して取得またはレンダリングのテストをしたあと［インデックスに送信］をクリックすれば、追加、更新内容がなるべく早く反映されるようにリクエストできます。

　頻繁にリクエストを行っても迷惑行為となることはありませんが、月ごとの回数の上限が設定されていることに注意してください。入力したURLだけをクロールする［このURLのみをクロールする］は1カ月に500件、入力したURLのページのリンク先までクロールする［このURLと直接リンクをクロールする］は1カ月に10件となっていて、［送信方法の選択］画面で残り回数を確認できます。肝心なときに使えない！　ということがないように注意しつつ、効率よく利用しましょう。

関連 新法則3　GoogleにサイトのURLを知らせてクロールを促す ……………………………… P.30

操作手順　クロール ▶ Fetch as Google

新法則22を参考にレンダリングのテストをしておく

①［インデックスに送信］をクリック

②［送信方法の選択］が表示されたら［このURLのみをクロールする］または［このURLと直接リンクをクロールする］を選択して［送信］をクリック

インデックスがリクエストされる

新法則 24

ブロックされたリソース

CSSやJavaScriptを不用意にブロックしていないか調査する

Googlebotの高機能化に伴い、CSSやJavaScriptを取得できることが重要になりました。これらをブロックしていたら、すぐに解除しましょう。

■ レンダリングのために必要なファイルが取得可能か確認する

昔のGooglebotはHTMLだけを解釈可能で、CSSやJavaScriptは解釈できませんでした。しかし、新法則22でも解説したように、現在のGooglebotはCSSやJavaScriptも解釈し、一般のブラウザーと同じようにページをレンダリング可能です。そのため、Googleでは2014年の10月から、CSSやJavaScriptのクロールをブロックしないように呼びかけるようになっています。

昔の感覚で作られたサイトでは、クロールをブロックしたディレクトリにCSSやJavaScriptのファイルが置かれている可能性もあります。このような問題は人間がブラウザーで見ていても発見できないので、[ブロックされたリソース]画面で確認しましょう。

[ブロックされたリソース]画面は、ページのHTMLが参照しているCSSやJavaScript、画像ファイルのうち、Googlebotによる取得がブロックされたファイルの情報が表示されます。表示されるのはブロックされたすべてではなく、Search Consoleを利用しているサイトの担当者が管理可能だと想定されたファイルの情報だけです。

次のページの手順のように、階層をたどって情報を確認していきます。最初に表示されるレポートでは、[ホスト]にブロックされたファイルがあるサイトのURLと、[該当ページ]にブロックされたファイルを参照しているページの数が表示されるので、サイトのURLをクリックします。

次の画面では[ブロックされたリソース]にブロックされたファイルのURLが表示されるので、ページのレンダリングのために必要なファイルか確認しましょう。ここでファイルのURLをクリックすると、参照しているページの一覧が表示されます。新法則22を参考に[Fetch as Google]で参照しているページのレンダリングの確認を行い、ファイルのブロックの状況を確認して、ブロックを解除しましょう。

関連		
新法則18	robots.txtは設置前に必ず動作テストをする	P.58
新法則22	Googlebotのレンダリングに問題がないか確認する	P.66

◆ ブロックされたファイルと読み込んでいるURLを確認する

操作手順　Googleインデックス　▶　ブロックされたリソース

レンダリングに影響がありそうなファイルがあるサイトの
URLと、該当するページの数が表示された

①URLをクリック

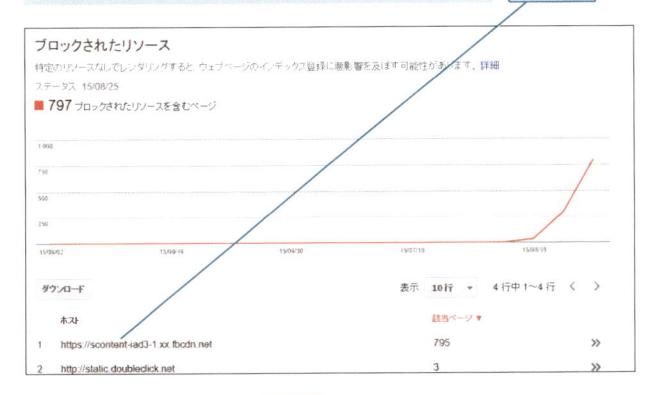

リソース（ファイル）の
URLが表示された

②URLをクリック

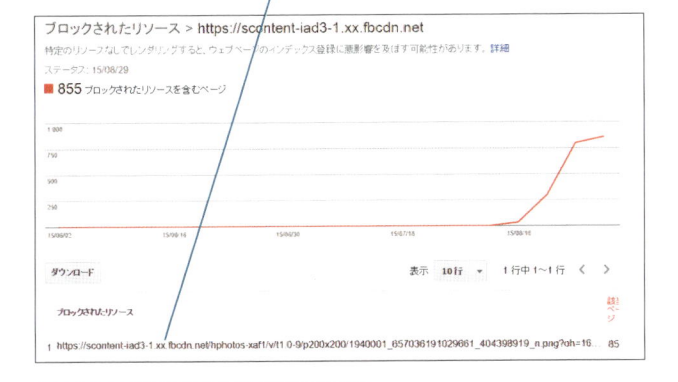

ファイルを読み込んでいる自社サイトの
URLが表示された

新法則 25

インターナショナルターゲティング

多言語対応サイトで適切な設定ができているか確認する

複数の言語で情報を発信しているサイト向けに、Googleが推奨する多言語対応の設定が適切に記述されているかをチェックできる機能が提供されています。

■「rel-alternate-hreflangアノテーション」で多言語対応を実現

地域別にコンテンツを切り替えるなどして、複数の言語でコンテンツを提供するサイトのために、Googleでは、検索結果に適切な国・言語を対象としたコンテンツを提供するための仕様を提唱しています。

「link」要素を次のページのように記述することで、そのページの言語・地域別バージョンを設定し、ユーザーが使う言語のURLに表示を切り替えられます。この手法は「link」要素に記述する属性から「rel-alternate-hreflangアノテーション」と呼びます。

rel-alternate-hreflangアノテーションが適切に設定できているかを確認するために、Search Consoleでは[インターナショナルターゲティング]画面でレポートを表示します。[インターナショナルターゲティング]では、特に次の2点のエラーを確認し、必要があれば修正します。

各言語ページ間のリンク(リターンリンク)の欠落

日本語のページAから英語のページBへの「link」要素を記述したら、英語のページBで日本語のページAへの「link」要素を記述し、相互にリンクさせなければなりません。そうでない場合、[代替言語コードからのリターンリンクの欠落]というエラーが表示され、問題があるURLやリターンリンクするべき先が表示されるので、修正しましょう。

不適切な「hreflang」属性の値

記述する「hreflang」属性の値は、言語名を略した「言語コード」(日本語は「ja」、英語は「en」など)、または言語コードと国名を略した「国コード」との組み合わせ(日本語-日本は「ja-JP」、英語-アメリカは「en-US」など)で記述します。言語コードは「ISO 639-1」、国コードは「ISO 639-1 Alpha 2」という形式で定められていて、形式外の値が「hreflang」属性に記述されていた場合は[不明な言語コード]エラーが表示され、修正例が表示されます。

◆ 日本語のページに記述する「link」要素

```
<link rel="alternate" hreflang="en" href="http://example.com/en/">
```

「hreflang」属性に「en」(英語)を指定し、「href」属性で英語のページのURLを記述する。

◆ 英語のページに記述する「link」要素

```
<link rel="alternate" hreflang="ja" href="http://example.com/">
```

「hreflang」属性に「ja」(日本語)を指定し、「href」属性で日本語のページのURLを記述する。同じ内容の各言語のページは、相互に「link」要素でリンクしている必要がある。

◆ インターナショナルターゲティングを確認する

操作手順 検索トラフィック ▶ インターナショナルターゲティング

rel-alternate-hreflangアノテーションが記述された
ページとエラーがあるページを確認できる

「地域ターゲット」を設定できる

[インターナショナルターゲティング]画面の[国]タブをクリックすると、サイトのターゲットユーザーがいる国や地域を設定できます。特定の国や地域にターゲットを限定したくない場合は[指定なし]とします。これは「.com」「.org」などのドメインのサイトで設定可能で、「.jp」など国に紐付くドメインのサイトでは固定されています。

新法則 26

複数サイトとしての追加

大規模サイトではディレクトリを別々のサイトとして追加する

大規模なサイトでは、ディレクトリごとに別々のサイトとしてSearch Consoleに追加しましょう。情報の表示件数の上限を回避し、詳細に情報を見られます。

第1章 クロールとインデックスの新法則

■ 大規模サイトの情報を詳細に確認可能になる

Search Consoleにサイトを追加するときには、サイトのディレクトリごとに登録することもできます。例えば「http://example.com/」というサイトの中で商品カタログは「http://example.com/catalog/」、サポート情報は「http://example.com/support/」のように、ディレクトリごとに主要なコンテンツが分かれている場合、Search Consoleに「商品カタログ」や「サポート情報」を別々のサイトとして追加することも可能です。

別々のサイトとして追加するメリットの1つは、それぞれを独立して管理できることです。商品カタログはマーケティング部門、サポートはサポート部門というように別々の部署が管理している場合、それぞれの担当者をサイト管理者やユーザーにして管理したり、情報を確認したりできるようになります。

また、表示件数の上限を回避できることも重要なメリットです。Search Consoleの一部のレポートには、情報の表示件数に上限があります。例えば［検索アナリティクス］画面（新法則31を参照）に表示される［クエリ］や［ページ］の項目数や、［サイトへのリンク］画面（新法則63を参照）に表示される［リンク数の最も多いリンク元］や［最も多くリンクされているコンテンツ］の項目数は最大999件に制限されています。そのため、大規模なサイトでは、上限が障害になって詳細な情報が見られないこともあります。そのような場合も、ディレクトリごとに別々のサイトとして登録することで、上限に縛られることが少なくなります。

ほかにも、スマートフォン用サイトを特定のディレクトリ内で運用している場合には、パソコン用サイトとは別のサイトとしてディレクトリを登録しておくことで、スマートフォン用サイトだけの情報を見られるようになり便利です。

関連		
	新法則7　「www」があるURLとないURLの混在を修正する	P.37
	新法則27　追加するユーザーには必要最低限の権限を設定する	P.76

◆ サイトの主要なディレクトリごとに追加して管理できる

トップページだけ追加

http://example.com

一般にはサイトのトップページだけをSearch Consoleに追加する。

ディレクトリ別に追加

http://example.com
http://example.com/catalog/
http://example.com/support/

ディレクトリ（カテゴリーやモバイルサイトを構成するディレクトリ）ごとに、別のサイトとしてSearch Consoleに追加することもできる。

◆ ホーム画面の［プロパティの追加］からサイトを追加する

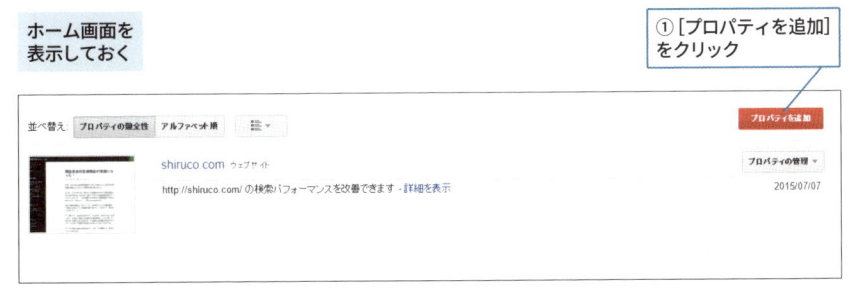

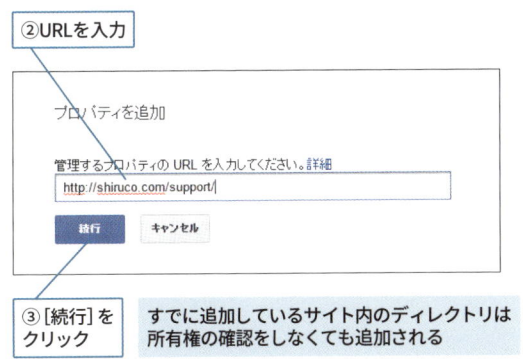

ホーム画面を表示しておく

①［プロパティを追加］をクリック

②URLを入力

③［続行］をクリック

すでに追加しているサイト内のディレクトリは所有権の確認をしなくても追加される

新法則 27

ユーザーの追加

追加するユーザーには必要最低限の権限を設定する

複数のユーザーでサイトを管理する場合、「オーナー」は1人にして新たに「ユーザー」を追加します。必要な機能だけが使えるように権限を制限しましょう。

■「オーナー」と、2段階の権限の「ユーザー」がある

　Search Consoleでサイトを管理するユーザーには、「基本2」で解説した所有権の確認を行った「オーナー」（サイト所有者）と、所有権の確認は必要ない、オーナーによって追加される「ユーザー」の2種類があります。「ユーザー」はさらに、設定の変更やGoogleへの情報の送信ができる「フル」と、情報の表示や［Fetch as Google］などのテストの実行だけができる「制限付き」の2段階に権限が分かれています。

　複数のユーザーでサイトを管理するときには、ユーザーの権限は最低限のものを設定します。Search Consoleの設定や機能は、ミスによってGoogleの検索結果に自社サイトが表示されなくなる可能性もあるため、利用できるユーザーは少ない方が安全性を高められます。

　特別な事情がない限り、「オーナー」は1人で十分です。マーケティング担当者など、情報を見るだけでいいユーザーを追加するときには「制限付き」、問題が発生したときの対応をするエンジニアを追加するときには「フル」の権限が適切です。

関連　新法則88「アクセスできません」と表示されたら所有権を確認する……………………P.206

ユーザーを削除する方法

次のページにある［ユーザーとプロパティ所有者］画面で、一覧に表示されるユーザーをクリックすると［削除］が表示され、これをクリックすることでユーザーを削除できます。権限の変更もここで可能です。「オーナー」は一覧からだと削除できませんが、［プロパティ所有者の管理］をクリックすると表示される［確認済みサイト所有者］の一覧から、削除したいユーザーの［未確認にする］をクリックすることで、所有権を未確認の状態にして、サイト所有者（オーナー）としての権利を失わせることができます。

◆ **ユーザーを追加する**

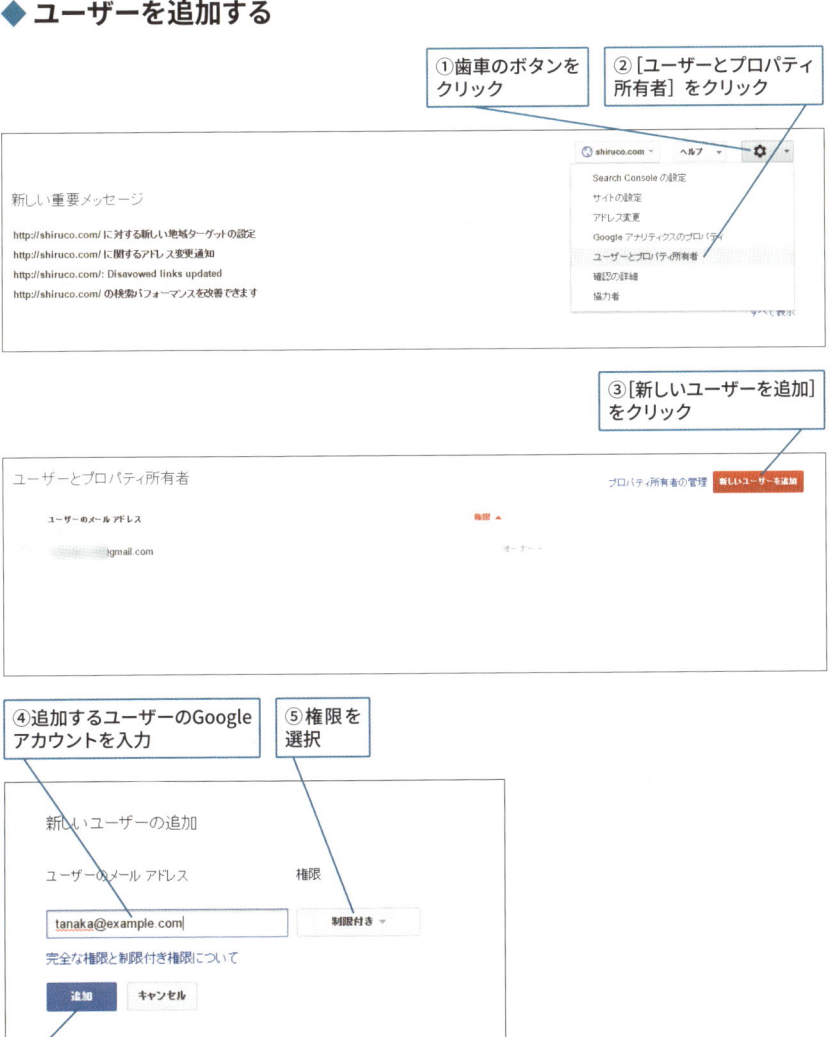

①歯車のボタンをクリック
②[ユーザーとプロパティ所有者]をクリック
③[新しいユーザーを追加]をクリック
④追加するユーザーのGoogleアカウントを入力
⑤権限を選択
⑥[追加]をクリック
ユーザーが追加される

◆ **主な設定や機能と実行可能なユーザー権限**

設定と機能	ユーザー権限		
	オーナー	フル	制限付き
サイトの設定（使用するドメインなど）	○	○	表示のみ
Fetch as Google	○	○	テストのみ
サイトマップ	○	○	表示とテストのみ
ユーザーの管理	○	×	×

■豊富な「Googleウェブマスター」のコンテンツ

　Search Consoleは、「基本1」でも簡単に紹介したように「Googleウェブマスター」で提供されているツールの1つと位置付けられています。ここでは、Googleウェブマスターのコンテンツについて詳しく紹介しましょう。

　代表的なものが、ブログとフォーラムです。ブログでは、Googleの検索サービスやSearch Consoleなど、関連サービスに関する更新情報や活用方法の情報が提供されています。SEOに関わる人には重要な内容ばかりなので、最新情報を見逃さないようにしましょう。まれに英語版のブログだけが更新されることがあります。英語のブログもフォローしておきましょう。

　フォーラムでは、投稿された質問に対して利用者同士で助け合い、問題を解決するための議論を行います。利用者にはGoogleの社員もいて、ほかのQ&Aサイトよりも質の高い回答を得やすいと言えます。

　そのほかのコンテンツとしては、[ウェブマスターの教育]メニューの「ウェブマスターアカデミー」があります。あまり知られていませんが、サイトの立ち上げから運用時に発生する問題の解決方法まで、サイト担当者が業務の基本を学ぶために役立つ情報が充実しています。

　Google+の「Googleウェブマスターコミュニティ」もあり、こちらでは情報提供のほか、Googleのビデオチャット「ハングアウトオンエア」を利用した「ウェブマスターハングアウト」が開催されています。Google社員の方々が不定期に情報発信や公開質問会を行うもので、ハングアウトでないと得られない情報があるわけではありませんが、動画ならではのわかりやすさがあるのでおすすめです。なお、時間が合わなくても録画された動画を視聴できるようになっています。

Googleウェブマスター
https://www.google.co.jp/webmasters/

Googleウェブマスターコミュニティ
https://plus.google.com/communities/115069764931066832848

第 **2** 章

キーワード分析と最適化の新法則

Search Consoleが持つキーワード分析ツール［検索アナリティクス］や、検索ボリュームを調べられる関連サービスを活用しましょう。キーワードやランディングページを分析するSEOの効果測定の手法と、改善のための考え方を解説します。

新法則 28

SEOのポイントの整理

SEO施策の流れと「改善で何をするか」を確認する

本書で考えるSEOのポイントを整理します。Search Consoleを使い、「キーワード」と「リンク」を中心に効果測定と改善を行いましょう。

🟥 顧客が実際に検索しているキーワードを選定する

　本章と第3章では、Search Consoleを活用してSEOの効果測定と改善を進める方法を解説していきます。「Googleがサイトをどのように見ているか」がわかる多様なデータを持つSearch Consoleは、強力な効果測定ツールとなります。

　ところで、SEOの効果測定では具体的に何を測定し、改善では何を改善すればいいのでしょうか？　まずはSEO施策の流れと重要なポイントを確認し、効果測定と改善で何をするかを整理しておきましょう。

　一般的なSEO施策は、キーワードの選定から始めます。自社サイトの顧客になりうるユーザーが実際に検索している、検索ボリューム（キーワードの一定期間における総検索数）が十分にあるキーワードを選定することがポイントです。また、誰も検索しないキーワードで検索結果の上位に表示されても、集客は見込めません。

　顧客が検索するキーワードはある程度想像がつくと思いますが、キーワードツールを利用すると検索ボリュームを調べられるので、検索ボリュームの数字を確認しながら選定しましょう。キーワードツールについては、新法則49で詳しく解説します。

◆ SEO施策の流れとポイント

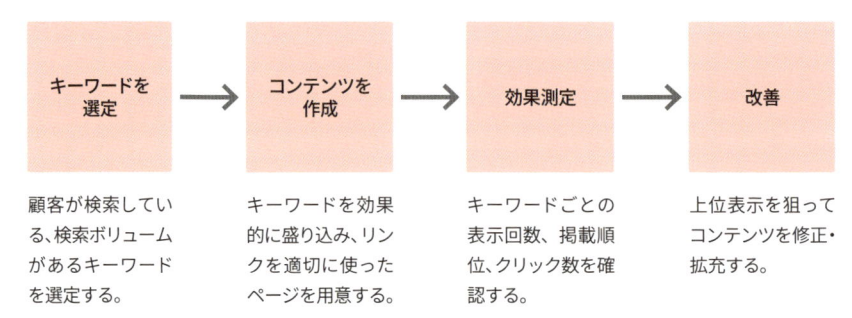

キーワードを選定	→	コンテンツを作成	→	効果測定	→	改善
顧客が検索している、検索ボリュームがあるキーワードを選定する。		キーワードを効果的に盛り込み、リンクを適切に使ったページを用意する。		キーワードごとの表示回数、掲載順位、クリック数を確認する。		上位表示を狙ってコンテンツを修正・拡充する。

第2章　キーワード分析と最適化の新法則

キーワードをテーマとしたコンテンツとリンクが影響

　ページのコンテンツの制作では、Googleから適切に評価され、選定したキーワードの検索結果の上位に掲載されることを目指します。コンテンツ制作のポイントは2つあり、1つは、選定したキーワードをテーマに使用することです。

　ページのタイトルにキーワードを使用することは重要ですが、本文には無理にキーワードを詰め込まなくても構いません。昔のSEOではキーワードの出現頻度が重視されることもありましたが、今のSEOでは、ユーザーにとってわかりやすい自然な文章で、満足できる内容であることが大事です。コンテンツの作成におけるキーワードの使い方について詳しくは、新法則29も参考にしてください。

　もう1つのポイントはリンクを適切に使うことです。リンクには自ページからほかのページに誘導するリンクと、ほかのページから自ページに入るリンク（被リンク）の2種類がありますが、コンテンツの制作にあたって重要なのは自ページからのリンクです。ユーザーが利用しやすい適切な数と位置で、ページのコンテンツと関連するページにリンクしましょう。リンクや被リンクの効果は、新法則30で詳しく解説します。

上位表示のために何を修正するかを考えていく

　Search ConsoleによるSEOの効果測定では、選定したキーワードをテーマに制作したページの検索結果での表示回数、掲載順位、クリック数といった指標を、新法則31で解説する［検索アナリティクス］画面で見ていきます。

　改善でも上位表示を狙ってコンテンツを修正していくことが基本です。一般には上位に表示されることで、表示回数やクリック数も増えていきます。

関連
- 新法則29　全体の「わかりやすさ」とタイトルの「訴求力」を意識する　P.82
- 新法則30　リンクがSEOに与える影響を正しく理解する　P.84
- 新法則31　キーワード分析の最重要機能「検索アナリティクス」を使う　P.86
- 新法則48　検索ボリュームの変動からキーワードの将来性を探る　P.116
- 新法則49　本当に効果的なキーワードを選ぶためのツールを利用する　P.118

新法則 **29**

コンテンツ制作で注力すべき点

全体の「わかりやすさ」とタイトルの「訴求力」を意識する

コンテンツは、キーワードよりもユーザーのわかりやすさを重視して作ります。そのうえで、検索結果に表示される部分で強くアピールしましょう。

「タイトル」と「メタデータ」でアピールする

　SEO施策で選定したキーワードをテーマとしたコンテンツが検索結果で訴求するために、特に重要になるのが、ページのタイトル（「title」要素）とメタデータ（「name="description"」属性を持つ「meta」要素。「概要」とも呼ばれる）の2つの要素です。

　コンテンツの本文ではキーワードそのものについて意識しすぎる必要はありませんが、タイトルは、きちんとキーワードを使用することが重要です。検索エンジンからの評価に影響するうえ、検索結果の一覧に表示される「スニペット」と呼ばれるサイトの紹介文を構成し、検索結果からユーザーをサイトに連れてくるための重要な役割を持ちます。自社サイトや商品、サービスの長所をわかりやすく伝え、検索結果に並んだ競合するページの中でクリックしてもらうための訴求力を意識しましょう。

　なお、この2つの要素は、ユーザーだけでなく検索エンジンにとって扱いやすいデータであることも考える必要があります。長すぎたり短すぎたりしては効果的でなく、同じサイト内で複数のページに同じタイトルやメタデータを付ける「重複」も、混乱を招くためよくありません。検索エンジンから見たタイトルとメタデータについては、サイトやHTML文書の構造に関連する問題として、第3章で詳しく解説します。

本文は3タイプの要素を意識する

　ページの本文は、キーワードそのものよりも、検索結果から訪問したユーザーが何を求めているのかを想像し、それを達成できるようにすることを考えます。

　検索エンジンから訪問するユーザーは、トップページから遷移するのでなく、ランディングページにいきなりやってきます。ユーザーが迷わずサイトを利用できるように、次の3つの要素を組み合わせることを考えましょう。

・インフォメーショナル（情報）
・ナビゲーショナル（誘導）
・トランザクショナル（決済、取引）

インフォメーショナルな要素は、ニュースや商品カタログなどの読み物、写真、見出しといった、訪問するユーザーが求める「情報」本体です。見出しなどにキーワードを適切に使用し、ユーザーにとってわかりやすい記述やレイアウトを意識して作ることで、クローラーにも解釈しやすくなります。

　ナビゲーショナルな要素は、訪問したユーザーを案内するリンクやボタンです。代表的なものには、サイトの階層構造を示す「パンくずリスト」、コンテンツを読み終えたあとの「関連リンク」などがあり、新法則30で解説する「内部リンク」としてSEOにも影響します。ユーザーにとって利用しやすく、クローラーにとっても漏れなくクロールできるようになっていることが重要です。

　トランザクショナルな要素はすべてのページにあるわけではありませんが、オンラインショップの購入ボタンや、商品一覧ページから詳細ページへのボタンなど、申し込みのための要素のわかりやすさが重要になります。

| 関連 | 新法則28 | SEO施策の流れと「改善で何をするか」を確認する……………………………………P.80 |
| | 新法則30 | リンクがSEOに与える影響を正しく理解する…………………………………………P.84 |

◆ ウェブページのタイトル、メタデータと検索結果のスニペット

```
<head>
<title>Windows 10にアップグレードするには | できるネット</title>  ——❶
<meta name="description" content="【動画あり】7月29日、Windows 10の提供が開始されました。アップグレードを予約済みのWindows 8.1パソコンで、実際のアップグレード方法を解説します。アップグレードの手順がわかる動画も公開中です。" />  ——❷
</head>
```

HTML文書の「head」要素内にある❶「title」要素と、メタデータとなる❷「description」属性が付いた「meta」要素のcontent属性の内容が、検索結果のスニペットとして使用される。

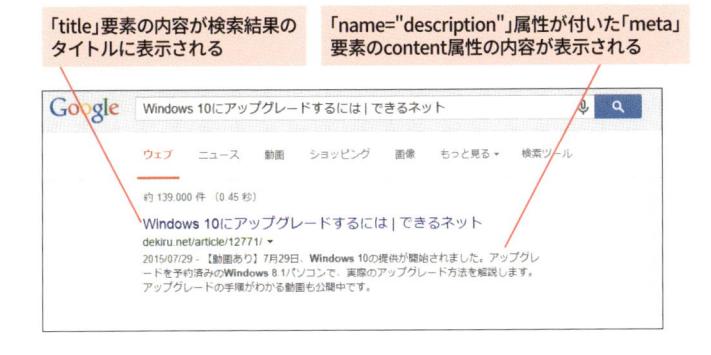

「title」要素の内容が検索結果のタイトルに表示される

「name="description"」属性が付いた「meta」要素のcontent属性の内容が表示される

新法則 30

リンクの種類と影響

リンクがSEOに与える影響を正しく理解する

リンクは、SEOにプラスの影響だけでなくマイナスの影響を与えることもあります。効果的な使い方と、注意が必要な点を把握しましょう。

■ アンカーテキストのキーワードが重要な意味を持つ

　リンクには、新法則28でも述べたように、自ページからほかのページへのリンクと、ほかのページから自ページへのリンク（被リンク）があります。

　自ページからのリンクでは、数やページ内での見せ方、視認性に注意します。数に関して明確な基準はありませんが、ページを見ているユーザーが戸惑うほどに多いリンクは好ましくありません。選びやすい数のリンクを、クリックして開かないと見られない折りたたみ表示のような方法は避けて、ひと目でリンクだとわかるように表示します。

　極端に多いリンクや見えにくいリンクは、情報を探しにくく、サイトとしても使いにくくなります。過去に流行したスパム（不正行為）の手法に、ページの背景色と同じ色のテキストで、ユーザーには読めずクローラーだけが認識できるように大量のリンクを記述する「隠しテキスト」と呼ばれるものがありました。スパムを行っていると判断されないためにも、リンクはわかりやすさが重要です。

　リンクの記述にあたっては、アンカーテキスト（「<a>」～「</a>」タグで囲むテキスト）の内容が非常に重要です。リンク先が商品紹介ページへのリンクなら商品名、「入会案内」や「送料について」など情報を提供するページなら情報の種類、というようにキーワードを使用して、リンク先のページが何のページかわかるように記述しましょう。リンク先が、アンカーテキストのキーワードに対して関係が深いページだと、ユーザーにもわかりやすくなります。「a」要素の中にテキストでなく画像を使う場合は、「img」要素の「alt」属性に記述します。

◆ アンカーテキストの例

`<a href="http://example.com/shop/camera">デジタルカメラの通信販売</a>`

「a」要素のタグで囲んだ範囲のアンカーテキストに「デジタルカメラ」「通信販売」というキーワードが入っているため、リンク先のURLはこれらのキーワードに関係が深いと評価される。

コントロールできる内部リンク、できない外部リンク

　ほかのページからの被リンクは、リンク元のサイトにより、サイト内からの「内部リンク」と、サイト外からの「外部リンク」に分けられます。両者の違いは、自社でコントロール可能かどうかです。

　内部リンクは、自社内で調整ができます。関連するページ同士や上層のメニューと下層の記事ページ間をリンクし、それぞれに適切なアンカーテキストを使うことで、ユーザーにもクローラーにもわかりやすくできます。

　一方で、外部リンクは自社内でコントロールできません。しかし、だから何もしないでいいというわけではありません。リンクは一種の「支持」や「投票」の意味を持つと考えられ、「多くリンクされているページ＝価値の高いページ」という認識から掲載順位を決定する要素の1つとして長年使われていますが、それだけに、上位表示だけを目的としてリンクを売買するような行為も行われてきました。

　それではユーザーが価値の低いページに誘導されてしまうため、Googleはガイドラインの中で、リンクの売買などをスパムとして厳しく取り締まっています。スパムにはペナルティが課され、リンク元のサイトだけでなくリンク先になっている自社サイトまでが、影響を受けたとして評価を下げられてしまうこともあります。

　サイトの管理者としては、SEOの効果を最大化するために内部リンクを調整し、プラス評価となる外部リンクの獲得も目指していく必要があります。リンクに関しては第3章でさらに詳しく解説しますが、Search Consoleには、外部リンクの情報を見る［サイトへのリンク］、内部リンクを見る［内部リンク］、外部リンクからのマイナスの影響を回避する［リンクの否認］といった機能があります。これらを活用していきましょう。

関連		
新法則28	SEO施策の流れと「改善で何をするか」を確認する	P.80
新法則29	全体の「わかりやすさ」とタイトルの「訴求力」を意識する	P.82
新法則37	画像検索から意外なキーワードを見つける	P.98

◆ リンクの種類と注意点

- **自ページからのリンク**
  - 選びやすい数を、見つけやすく操作しやすい形でリンクする
  - 適切なアンカーテキストでリンク先を紹介する
- **内部リンク（サイト内からの被リンク）**
  - 自社でコントロール可能
  - ユーザーが使いやすいサイト構造にすることが重要
- **外部リンク（サイト外からの被リンク）**
  - 自社でコントロールできない
  - マイナスの影響を受けるリンクでないか注意が必要

新法則 31

検索アナリティクスの基本
キーワード分析の最重要機能「検索アナリティクス」を使う

［検索アナリティクス］は、Search Consoleでもっとも利用機会が多くなる機能です。キーワードごとの掲載順位や表示回数、クリック数がわかります。

■「指標」と「グループ」を使って詳細な分析ができる

　選定したキーワードで何位に掲載されているか、どれだけクリックされているかといった効果測定には、［検索アナリティクス］画面を利用します。この画面では、自社サイトのページのGoogle検索における［クリック数］［表示回数］［CTR］（クリック率）、そして［掲載順位］の4つの指標を、次のページの手順のように［クエリ］［ページ］などのグループで分類したり、絞り込んだりできます。

　［検索アナリティクス］をSEOの改善につなげるには、全体の情報を見るだけでなく、特定のページや期間などの条件を設定して絞り込み、意味のあるデータの変化を取り出すことが必要です。改善にあたっては、実際の検索結果から競合するほかのページを見て行います。検索結果を見る具体的な方法は次の新法則32で、絞り込みについては新法則33以降で解説していきます。

　なお、［検索アナリティクス］は2015年8月現在ではベータ版として提供されています。また、表示される情報には999件の上限があります。大規模なサイトで詳細な情報を見るには、必要に応じて条件を設定し、表示する情報を絞り込む必要があります。または、新法則26を参考にディレクトリごとに別々のサイトとして追加しましょう。

関連　新法則32　非ログインの状態にして公正な検索結果を見る……………………………… P.88
　　　新法則33　複合キーワードの一覧から補強が必要な点を見つけ出す…………………… P.90

［検索アナリティクス］で見られるのはクリックまで

　［検索アナリティクス］画面で確認できる情報は、ユーザーが検索して検索結果をクリックするまでとなります。検索結果をクリックし、サイトに訪問してからのユーザー行動を知りたいときには、新法則42を参考に「Googleアナリティクス」と組み合わせて情報を見ていく必要があります。

◆ [検索アナリティクス] の指標とグループを操作する

操作手順 　検索トラフィック ▶ 検索アナリティクス

① [表示回数] [CTR] [掲載順位] にチェックマークを付ける

キーワードと4つの指標が表示された

日ごとの指標の変動がグラフに表示された

検索アナリティクス(ベータ版)

Google 検索でのパフォーマンスを分析します。検索結果のフィルタリングや比較を行い、ユーザーの検索パターンを把握しましょう。詳細
従来の「検索クエリ」レポートに戻します。

☑ クリック数　☑ 表示回数　☑ CTR　☑ 掲載順位

● クエリ　　　○ ページ　　　○ 国　　　○ デバイス　　　○ 検索タイプ　　○ 日付
　フィルタなし ▼　フィルタなし ▼　フィルタなし ▼　フィルタなし ▼　ウェブ ▼　　7月7～8月3 ▼

合計クリック数	合計表示回数	平均 CTR	平均掲載順位
578,426	8,778,764	6.59%	8.5

	クエリ	クリック数 ▼	表示回数	CTR	掲載順位	
1	windows 10	45,725	1,014,794	4.51%	8.3	»
2	エクセル 関数	19,200	49,350	38.91%	1.0	»
3	excel 関数	9,217	22,978	40.11%	1.0	»
4	windows10 新機能	4,960	11,468	43.25%	1.1	»

② [ページ] をクリック

[ページ] グループに切り替わり、ランディングページの一覧が表示された

検索アナリティクス(ベータ版)

Google 検索でのパフォーマンスを分析します。検索結果のフィルタリングや比較を行い、ユーザーの検索パターンを把握しましょう。詳細
従来の「検索クエリ」レポートに戻します。

☑ クリック数　☑ 表示回数　☑ CTR　☑ 掲載順位　　ページごとにグループ化またはフィルタリングすると、各ページの統計情報が集計されます。詳細

○ クエリ　　　● ページ　　　○ 国　　　○ デバイス　　　○ 検索タイプ　　○ 日付
　フィルタなし ▼　フィルタなし ▼　フィルタなし ▼　フィルタなし ▼　ウェブ ▼　　7月7～8月3 ▼

合計クリック数	合計表示回数	平均 CTR	平均掲載順位
585,771	10,152,501	5.77%	8.1

	ページ	クリック数 ▼	表示回数	CTR	掲載順位	
1	/article/12525/	68,901	1,283,913	5.37%	8.1	»
2	/article/4429/	36,632	123,357	29.7%	3.7	»
3	/article/5307/	10,135	64,338	15.75%	5.6	»
4	/category/windows-office/onenote/	9,802	65,339	15%	5.9	»

第2章　キーワード分析と最適化の新法則

新法則 32

シークレットウィンドウの活用

非ログインの状態にして公正な検索結果を見る

実際の検索結果を見て改善を考えるには、Googleが行うパーソナライズの影響を避ける必要があります。必ずログインしていない状態で結果を見ましょう。

■ 偏りのない検索結果を見ることが重要

　［検索アナリティクス］画面の［クエリ］グループでキーワードの右に表示されるアイコンをクリックすると、新しいタブで検索結果ページが表示されます。実際の検索結果を見るために便利ですが、このときの検索結果はGoogleアカウントにログインした状態で、パーソナライズされていることに注意してください。よく閲覧する自社サイトなどが平均的な掲載順位よりも上位に表示されるなど、偏った検索結果になってしまっています。
　次のページの手順のように、ブラウザーのシークレットウィンドウを利用することで、ログインしていない状態の、偏りのない検索結果を見ることができます。

■ 競合ページのアピールポイントや魅力を参考にする

　検索結果では、まず各ページのスニペットを見比べます。ユーザーの視点で、競合するほかのページでは何をアピールしているか、どのページのスニペットのどの部分に魅力を感じ、クリックしたくなるかを見て改善の参考にしましょう。
　さらに、検索結果をクリックして、各ページの内容も分析します。ここでは検索するユーザーの目的をどのように想定し、どのように解決しようとしているかを考えます
　Googleの検索結果も、キーワードからユーザーの目的を捉え、できるだけ的確に解決できるページを紹介しようとしています。例えば「オフィス 壁紙」の検索結果では「壁紙を貼り替えたい」という目的に応えるリフォーム事業者のページが多く表示されるほか、「壁紙の選び方を知りたい」という目的を想定した解説ページも見つかります。
　このように検索結果上位のページを見ていくと、検索するユーザーの主な目的はどのようなもので、どのように解決するページが支持されているのかが推測できるようになります。自社のページで想定していた目的にずれがあるならコンテンツを作り替えるなどして、改善を進めていきましょう。

関連　新法則31　キーワード分析の最重要機能「検索アナリティクス」を使う ……………… P.86

第2章　キーワード分析と最適化の新法則

◆シークレットウィンドウで検索結果を表示する

操作手順 　検索トラフィック　▶　検索アナリティクス

[クエリ]グループを表示しておく

①キーワードの右にあるアイコンをクリック

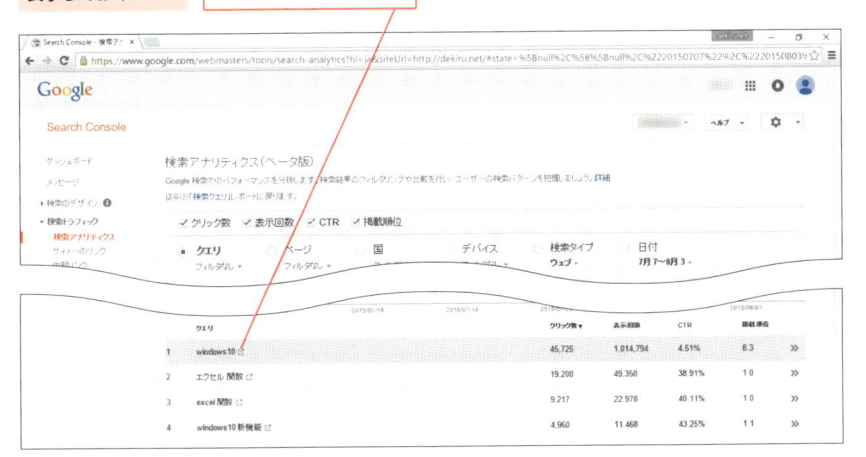

検索結果が表示された

ログイン状態なのでパーソナライズされている

②URLをコピー

③[Google Chromeの設定]をクリック

④[シークレットウィンドウを開く]をクリック

シークレットウィンドウが表示された

⑤コピーしたURLを貼り付けて開く

パーソナライズされていない検索結果が表示された

第2章　キーワード分析と最適化の新法則

できる | 89

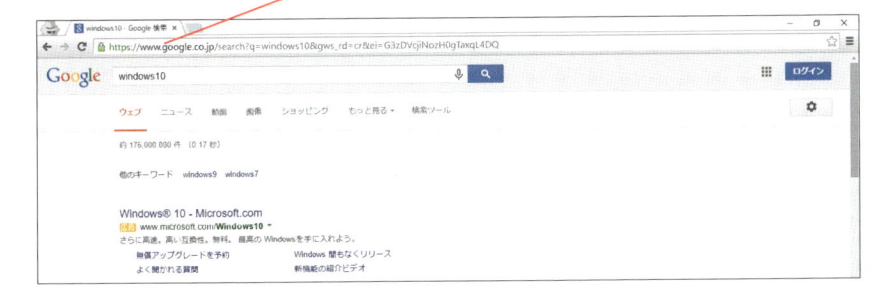

新法則 33

キーワードのフィルタ

複合キーワードの一覧から補強が必要な点を見つけ出す

サイト全体のテーマとなるキーワードで絞り込み、複合キーワードをまとめて確認できます。サイトが網羅できていない点を発見し、補強しましょう。

■ サイト全体で狙うキーワードの網羅性を確認する

　［検索アナリティクス］画面の各グループは、「フィルタ」機能で情報の絞り込みができます。グループによって絞り込める内容が異なり、［クエリ］グループでは次のページの手順のように、入力した文字列を含むキーワードに絞り込めます。

　例えば、都内の駅周辺に複数の店舗を持つペットショップならば、「ペットショップ」で絞り込むことで、「ペットショップ 新宿」「ペットショップ 高円寺」のように店舗がある駅名を組み合わせたキーワードが表示されるはずです。その中で順位が低いもの、CTR（クリック率）が低いものなど気になるキーワードを見つけ、検索結果を確認していきましょう。

■ 複合キーワードからコンテンツ強化のヒントを得る

　サイトが注力しているキーワードで絞り込むことで、多数の想定していなかった複合キーワードも見つかるはずです。そこから気になるキーワードを見つけて、コンテンツの追加を考えましょう。

　ここで注目するキーワードは、対応が容易なキーワードと、検索ボリュームが大きいキーワードです。例えば、これまで駅名でしかSEOを意識していなかったのに対し、「ペットショップ 東京」「ペットショップ 中央線」のようなキーワードでの表示やクリックが見つかった場合、店舗のアクセス情報ページなどを少し書き換えるだけでこれらのキーワードに対応でき、訪問を増やせる可能性があります。

　新規のコンテンツを作る必要があるなどコストがかかるときは、新法則49で解説するキーワードツールを使って検索ボリュームを確認し、どの程度の集客が見込めるかを考えて対応するかどうかを判断します。

関連		
新法則32	非ログインの状態にして公正な検索結果を見る	P.88
新法則33	複合キーワードの一覧から補強が必要な点を見つけ出す	P.90
新法則49	本当に効果的なキーワードを選ぶためのツールを利用する	P.118

第2章　キーワード分析と最適化の新法則

◆ キーワードをフィルタする

操作手順 検索トラフィック ▶ 検索アナリティクス

[クエリ]グループを選択しておく
① [クエリ]の[▼]をクリック

② [クエリをフィルタ]をクリック

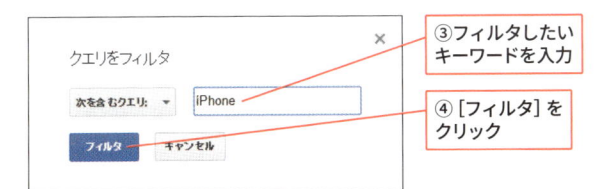

③ フィルタしたいキーワードを入力
④ [フィルタ]をクリック

フィルタされた結果のキーワードの一覧が表示された

[▼]-[リセット]の順にクリックするとフィルタをリセットできる

	クエリ	クリック数	表示回数	CTR	掲載順位
1	iphone 履歴 消す	1,695	5,922	28.62%	2.0
2	iphone 動画 トリミング	590	955	61.78%	1.0
3	iphone6 履歴 消す	489	866	56.47%	1.0
4	iphone pc 認識しない	452	2,022	22.35%	3.0
5	iphone メール 検索	415	618	67.15%	1.0
6	iphone 履歴 非表示	394	633	62.24%	1.0

第2章 キーワード分析と最適化の新法則

新法則 34

ランディングページごとのキーワードの確認

訪問につながったキーワードは想定外のものまで調べる

［検索アナリティクス］画面では、ランディングページごとにキーワードを見ることもできます。集客に貢献しているキーワードをしっかり把握しておきましょう。

■ ランディングページごとのキーワードを確認できる

ランディングページの効果測定を詳細に行うには、ページのURLで絞り込んで、そのページに関係した（そのページが検索結果に表示された、またはクリックされた）キーワードだけを表示する必要があります。

下の手順のように、［検索アナリティクス］画面の［ページ］グループから確認したいページのURLを選択し、URLを絞り込んだ状態にしてから［クエリ］グループに切り替えましょう。選択したURLに関係したキーワードだけが表示されるので、事前に選定したキーワードで表示されクリックされているか、掲載順位に変化はあるかを確認します。

このとき、選定したキーワードの情報を確認するだけでなく、想定外に表示回数やクリック数が多いキーワードがあったら、実際の検索結果を確認してみましょう。意外な目的を持つユーザーのキーワードを発見し、新しいコンテンツのヒントを得られることがあります。

◆ ランディングページごとにキーワードを確認する

操作手順 検索トラフィック ▶ 検索アナリティクス

1 ランディングページを選択する

①［ページ］をクリック　ランディングページの一覧が表示された　②URLをクリック

❷ [クエリ] グループに切り替える

選択したURLでフィルタされた

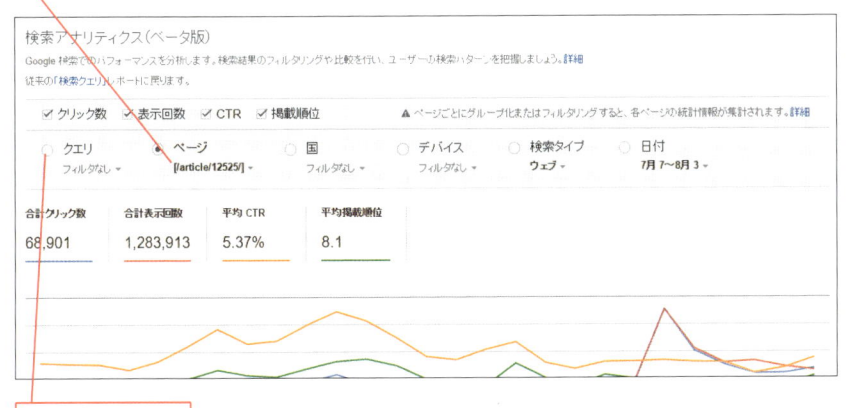

[クエリ] をクリック

選択したURLが表示またはクリックされた
キーワードの一覧が表示された

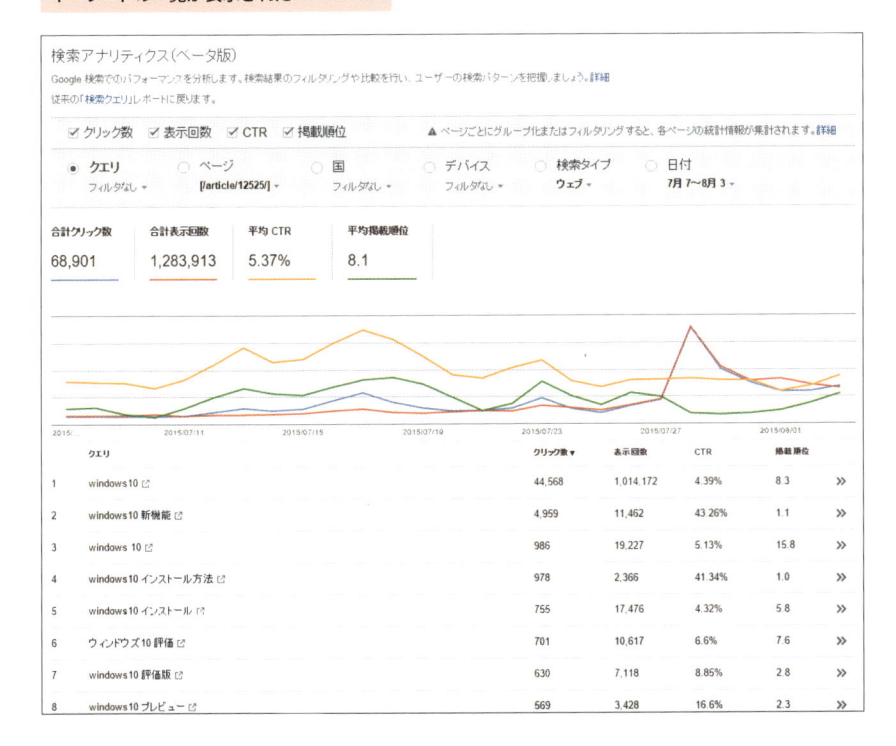

	クエリ	クリック数 ▼	表示回数	CTR	掲載順位
1	windows10	44,568	1,014,172	4.39%	8.3
2	windows10 新機能	4,959	11,462	43.26%	1.1
3	windows 10	986	19,227	5.13%	15.8
4	windows10 インストール方法	978	2,366	41.34%	1.0
5	windows10 インストール	755	17,476	4.32%	5.8
6	ウィンドウズ10 評価	701	10,617	6.6%	7.6
7	windows10 評価版	630	7,118	8.85%	2.8
8	windows10 プレビュー	569	3,428	16.6%	2.3

関連 **新法則32** 非ログインの状態にして公正な検索結果を見る……………… P.88

新法則 35

ディレクトリごとのキーワードの確認

サイトのカテゴリーごとにキーワードの強弱を見極める

カテゴリーごとにディレクトリ分けされたサイトでは、URLのフィルタでカテゴリーを絞り込めます。集客状況の詳細な分析が容易になります。

■ カテゴリーごとの特徴や傾向がわかりやすくなる

　たいていのサイトではカテゴリーごとにテーマが異なり、検索されているキーワードも異なります。そのため［検索アナリティクス］画面でカテゴリーごとに絞り込むことで、どのようなキーワードでアクセスされているか、キーワードごとの掲載順位やCTRはどうか、全体で見るときよりもはっきりとした数字を見ることができます。

　カテゴリーによる絞り込みを行う簡単な方法は、［ページ］グループのフィルタを使い、カテゴリーのディレクトリ名で絞り込むことです。例えば「iPhone」カテゴリーを「iphone」ディレクトリに置いている場合には、次のページの手順のように「/iphone/」（ディレクトリで確実に絞り込むため前後にスラッシュを加える）でフィルタします。

　ただし、この方法を使うには、サイトがカテゴリーごとにディレクトリ分けされている必要があります。カテゴリーの絞り込みに［ページ］グループのフィルタを利用するには、カテゴリーごとのURLにディレクトリ名など固有の文字列を含んでいる必要があるため、ディレクトリ分けされていないサイトでは、カテゴリーによる絞り込みは困難です。その場合は、新法則34を参考にカテゴリーの代表的なキーワードを使ってフィルタするなどして代用します。

| 関連 | 新法則32 | 非ログインの状態にして公正な検索結果を見る | P.88 |
| | 新法則34 | 訪問につながったキーワードは想定外のものまで調べる | P.92 |

カテゴリーごとにディレクトリを分けるメリット

カテゴリーごとにディレクトリ分けした構造のサイトは、アクセス解析サービスでも分析しやすく、新法則26で解説したようにカテゴリーごとに別々のサイトとしてSearch Consoleに追加することもでき、管理しやすくなります。ディレクトリ分けをすること自体がSEOに効果的なわけではありませんが、「URLがわかりやすいこと」はSEOのために重要だとされます。

◆ディレクトリごとにキーワードを確認する

操作手順 検索トラフィック ▶ 検索アナリティクス

[クエリ]グループを選択しておく

①[ページ]の[▼]をクリック

②[ページをフィルタ]をクリック

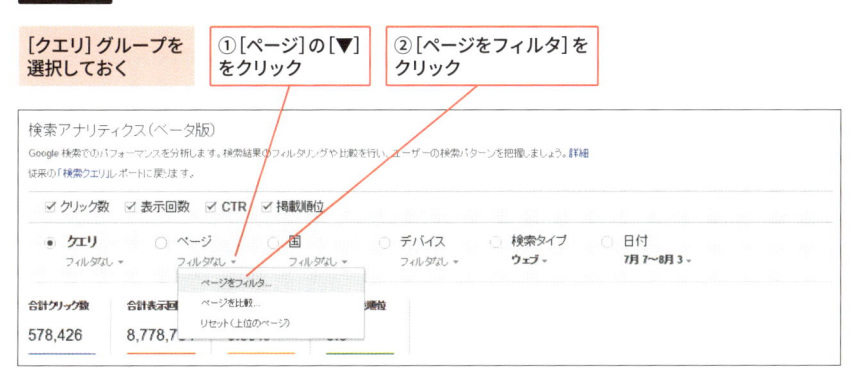

「iphone」ディレクトリで絞り込む

③「/iphone/」と入力

④[フィルタ]をクリック

「/iphone/」ディレクトリ内のURLに関係するキーワードだけが表示された

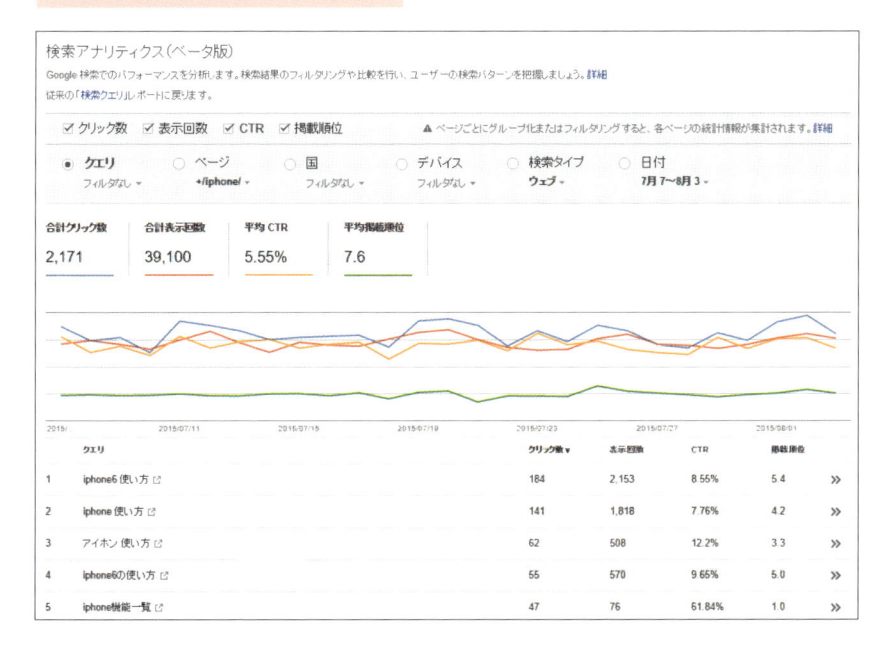

	クエリ	クリック数▼	表示回数	CTR	掲載順位	
1	iphone6 使い方	184	2,153	8.55%	5.4	»
2	iphone 使い方	141	1,818	7.76%	4.2	»
3	アイホン 使い方	62	508	12.2%	3.3	»
4	iphone6の使い方	55	570	9.65%	5.0	»
5	iphone機能一覧	47	76	61.84%	1.0	»

第2章 キーワード分析と最適化の新法則

新法則 36

期間の比較

改善の効果測定は適切な期間を設定して比較する

サイトの改善を行った前後での成果を見るには、期間の比較機能が便利です。何日分のデータで比較するかは、サイトの規模により調整します。

■ 過去90日間の期間を指定して比較できる

　通常の［検索アナリティクス］画面では過去28日間分の情報が表示されますが、期間の絞り込みや比較も可能です。サイトの改善を行ったあとの効果測定では、次のページの手順のように［期間］グループの比較機能を使い、改善前と改善後の同期間を指定して各指標の変動を比較してみましょう。

　このときに注意したいのは、できるだけデータの母数を多くして比較することです。1日分のデータで比較するよりも1週間分の方が、ノイズとなる特異なデータの影響が少ない平均的な結果が見られます。ただし［検索アナリティクス］のデータは過去90日分までしか保存できないので、それ以上の長い期間での比較はできません。改善から1週間後、2週間後というように、適当な期間を設定して数回見るようにするのがいいでしょう。

　反対に、規模の大きなサイトでは、あまり期間が長いと［検索アナリティクス］画面で表示できる情報の上限（999件まで）により、詳細なデータが見られなくなってしまう可能性があります。そのような場合には日数を絞って、例えば改善を行った前日の1日間と、改善から3日後の1日間のように設定して比較します。

　改善した内容がいつインデックスされるかを正確に知ることはできないので、改善の直後から数日〜1週間程度経っても比較した情報に変動が見られないときには、まだインデックスが更新されていない可能性も考慮します。

　一部のページ、一部のカテゴリーだけを改善したときには、URLによる絞り込みで改善した部分に絞り込んでから、［期間の比較］を設定します。対象を絞り込んで、正確に変動を見ましょう。

関連　新法則32　非ログインの状態にして公正な検索結果を見る……………………… P.88

第2章　キーワード分析と最適化の新法則

◆ 改善の前後2週間ずつの情報を比較する

操作手順　検索トラフィック ▶ 検索アナリティクス

[クエリ] グループを選択しておく　　①[日付]の[▼]をクリック　　②[期間を比較]をクリック

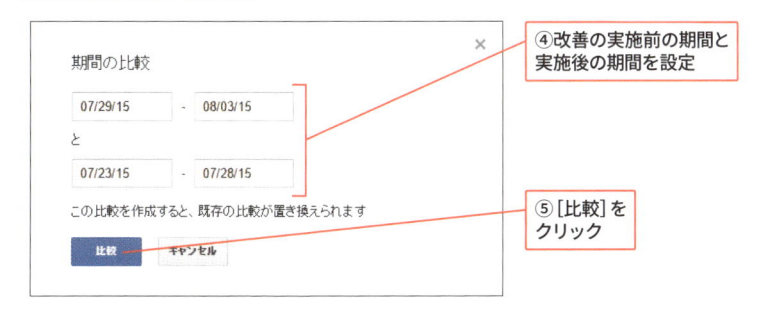

③[カスタム]をクリック

④改善の実施前の期間と実施後の期間を設定

⑤[比較]をクリック

2つの期間の情報が表示された

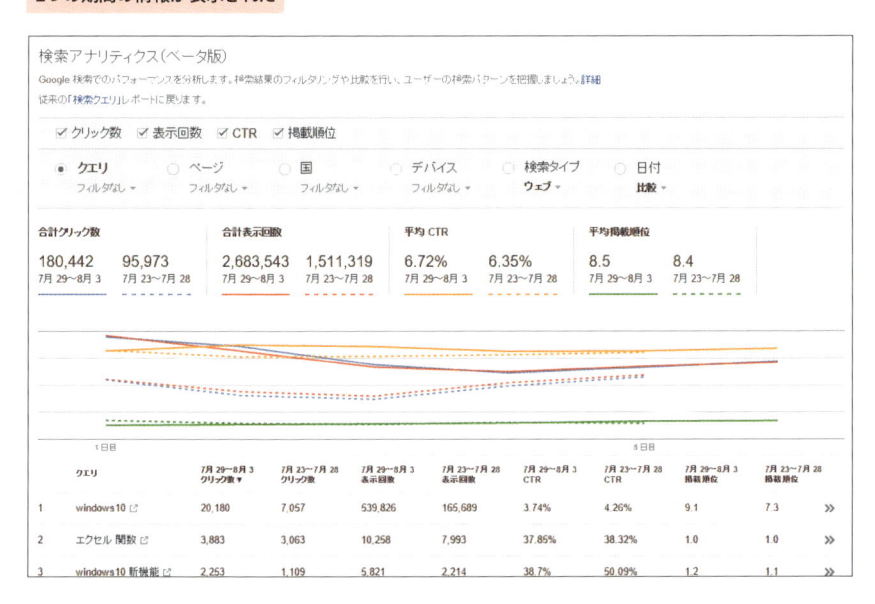

第2章　キーワード分析と最適化の新法則

新法則 37

検索タイプ別の分析

画像検索から意外なキーワードを見つける

画像検索では、ウェブ検索とは異なるキーワードを発見できることがあります。画像の代替情報とファイル名を工夫し、画像検索に最適化しましょう。

ウェブ検索でも画像検索の結果を目にする機会が増えている

［検索アナリティクス］画面で［検索タイプ］を変更することで、画像検索と動画検索の情報も見ることができます。意外と表示回数やクリック数が多いキーワードが見つかって、驚くかもしれません。

Googleではウェブ検索の結果の中に画像検索の結果を表示することもあり、意図しなくても、画像検索を利用する機会は増えています。例えば動植物の名前や料理の名前、「本棚」や「コーヒーカップ」のような商品カテゴリー名、さらに「ボブカット」（髪型）、「インプラント」（歯科の治療法）のようなキーワードでも、画像検索の結果が表示されることがあります。

現在のSEOで画像検索が強く意識されることは多くありませんが、このような状況を考えて、画像検索への最適化をできるだけ行っておきましょう。

画像のalt属性とファイル名がSEOに影響する

サイトの画像を画像検索に最適化するポイントは、「img」要素の「alt」属性で設定する代替情報です。何の画像か、何を表しているのかがわかる内容を、検索されるキーワードを意識して設定します。

また、画像のファイル名もSEOに影響します。日本語のファイル名は付けられませんが、例えば「20150101.png」のようにするのではなく、「20150101-iphone-home.png」のように、何の画像か推測できるファイル名にしましょう。

◆「img」要素のalt属性とファイル名の例

```
<img src="http://dekiru.net/img/20151201-iphone-home.png" alt="iPhoneのホーム画面">
```

「img」要素の「alt」属性は画像が表示できない場合の代替情報として利用され、画像検索のためのSEOにも大きく影響する。画像ファイルのファイル名には内容を表すものを付ける。

第2章 キーワード分析と最適化の新法則

◆検索タイプを画像検索に切り替える

操作手順　検索トラフィック ▶ 検索アナリティクス

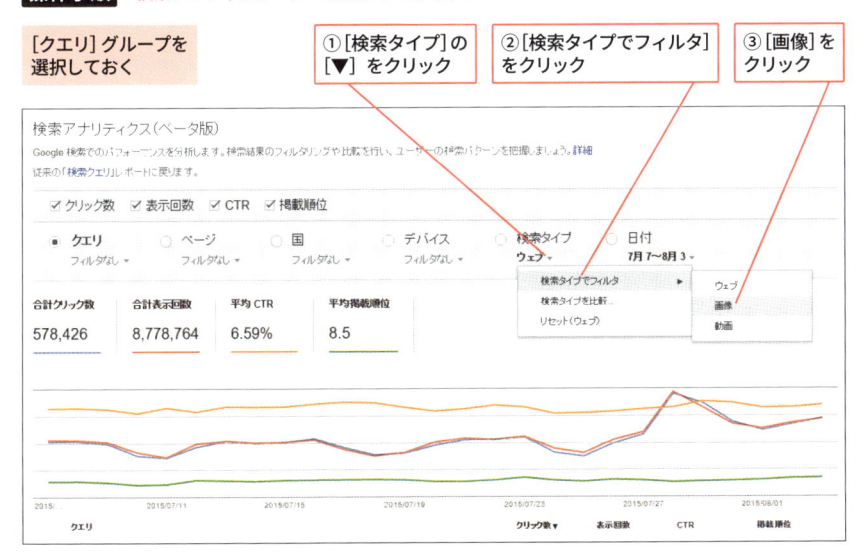

[クエリ]グループを選択しておく

①[検索タイプ]の[▼]をクリック

②[検索タイプでフィルタ]をクリック

③[画像]をクリック

検索タイプが[画像]に切り替わった

画像検索のキーワードが表示された

	クエリ	クリック数	表示回数	CTR	掲載順位
1	windows10	31	8,976	0.35%	56.0
2	windows10 アップグレード	8	391	2.05%	8.2
3	windows 10	8	584	1.37%	159.3
4	クラウドコンピューティング	5	233	2.15%	29.3
5	windows10 デスクトップ	3	250	1.2%	23.5
6	イングレス	3	1,453	0.21%	2.3
7	ワイブルプロット エクセル	2	10	20%	25.8
8	appleidを表示	2	5	40%	21.0

第2章　キーワード分析と最適化の新法則

新法則 38

要改善キーワードの見つけ方

表示回数が多く掲載順位が低いキーワードから改善に着手する

どのキーワードを改善するか？ 悩んだときには大きく伸ばせる可能性があるものを選ぶべきです。有効な改善のための判断基準を覚えておきましょう。

■ 順位が低い原因を改善できれば、大きく伸ばせる可能性も

想定よりもCTRや掲載順位が低いキーワードを見つけ、改善を考えるのがキーワード分析の基本です。このとき、どのキーワードを改善するか悩むことがあったら、［検索アナリティクス］画面で表示回数が多く、掲載順位が低いキーワードを選びましょう。

SEOに注力するキーワードは、ある程度の検索ボリュームがあることが大前提です。掲載順位が低くても表示回数が多いキーワードはそれだけ検索ボリュームが大きく、掲載順位を上げることで、さらに表示回数を増やすことができると予想できます。

［クエリ］グループの情報を表示回数順に並べ替え、表示回数が多いわりに掲載順位が低いキーワードを探してください。フィルタで絞り込んだあとに並べ替えるのもいいでしょう。サイトのテーマと合わないキーワードもあるでしょうが、サイトのテーマに近く、掲載順位が7～10位、またはそれ以下のキーワードがあったら、ぜひ改善により上位表示を狙いたいところです。

ここでの改善は、新法則32でも解説したように、検索結果上位の競合ページのスニペットやページの内容を見て行います。「こうすれば必ず上がる」という確実な方法はありませんが、上位に表示されているページから自社のページにない要素を探し、それを自社のページにも用意できないか検討してみましょう。上位のページにあり、自社のページにない要素が、そのキーワードで検索するユーザーの目的に合っている可能性があります。

関連		
新法則32	非ログインの状態にして公正な検索結果を見る	P.88
新法則33	複合キーワードの一覧から補強が必要な点を見つけ出す	P.90
新法則34	訪問につながったキーワードは想定外のものまで調べる	P.92
新法則39	上位なのにCTRが低いときはアピール不足を疑う	P.102

◆ キーワードの一覧を表示回数順に並び替える

操作手順　検索トラフィック ▶ 検索アナリティクス

[クエリ]グループを表示しておく

[表示回数]をクリック

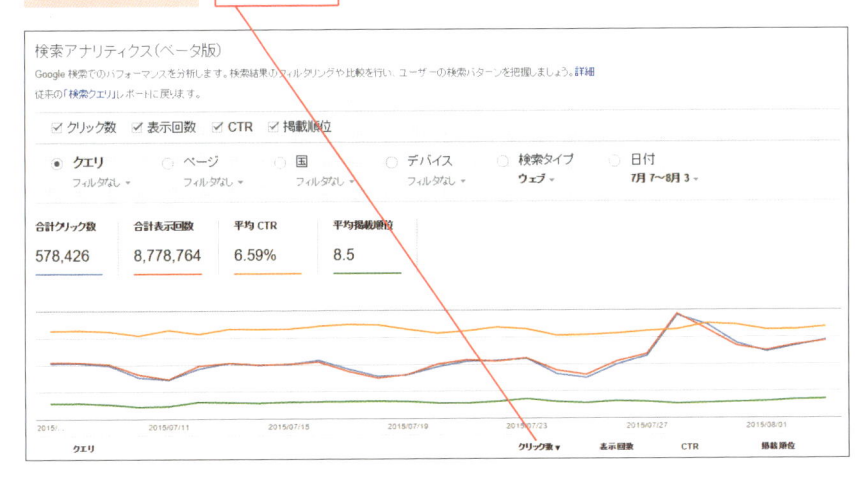

表示回数順にキーワードが並べ替えられた

表示回数が多く掲載順位が低いキーワードを探す

	クエリ	クリック数	表示回数 ▼	CTR	掲載順位	
1	windows10	45,725	1,014,794	4.51%	8.3	»
2	dropbox	1,885	454,995	0.41%	7.8	»
3	ドロップボックス	1,205	194,507	0.62%	6.2	»
4	グーグルカレンダー	489	110,537	0.44%	6.0	»
5	googleカレンダー	332	104,164	0.32%	7.1	»
6	ウインドウズ10	2,329	102,519	2.27%	7.6	»
7	google カレンダー	261	68,434	0.38%	7.3	»
8	エクセル 関数	19,200	49,350	38.91%	1.0	»
9	イングレス	2,500	38,767	6.45%	4.8	»
10	windows10 アップグレード	784	25,823	3.04%	9.4	»
11	excel 関数	9,217	22,978	40.11%	1.0	»

第2章 キーワード分析と最適化の新法則

新法則 39

クリックされないページの改善

上位なのにCTRが低いときはアピール不足を疑う

掲載順位が高いのにCTRが低いキーワードは気になる存在です。なぜクリックされないのか？ 特定のケースを除き、スニペットの問題を考えます。

■「ナビゲーショナルクエリ」の可能性を考える

［クエリ］グループを見ていて掲載順位が高いのにCTRが低いキーワードを見つけることがあります。新法則38では掲載順位に注目しましたが、掲載順位が高いのにクリックされないのは、なぜなのでしょうか？

考えられる原因の1つは、そのキーワードを検索する目的のほとんどが「その名前のサイトに行きたい」である場合です。ブランド名や施設名、サービス名など、公式サイトへ行くことが目的のキーワードは「ナビゲーショナルクエリ」と呼ばれ、公式サイト以外がクリックされる確率は非常に低いため、そのままでCTRを改善することは困難です。

■スニペットのアピール不足を改善する

ナビゲーションクエリにあたるキーワードでない場合は、スニペットのアピール不足である可能性が高いと考えて改善します。

上位に表示されているということは、Googleが想定しているそのキーワードで検索するユーザーの目的と、関連性の高いコンテンツになっていると考えられます。しかし、タイトルやメタデータに魅力がないと、それをアピールできません。タイトルにいろいろな言葉を入れることは難しいので、特にメタデータでの工夫が重要になります。新法則34などでも触れていますが、ここでの改善では競合ページとの差別化が重要です。自社サイトの強みをアピールできる表現を加え、改善前と改善後のCTRの変動を比較しましょう。

関連		
新法則32	非ログインの状態にして公正な検索結果を見る	P.88
新法則38	表示回数が多く掲載順位が低いキーワードから改善に着手する	P.100

新法則 40

長期にわたるデータの比較

季節変動があるキーワードはダウンロードしたデータで比較する

［検索アナリティクス］のデータは90日で削除されるため、そのままでは長期間での比較ができません。条件設定に注意して、データをダウンロードしておきましょう。

■「1年前との比較」はダウンロードしたデータを使う

　ギフト、旅行、イベントなど、季節でキーワードの検索ボリュームが大きく変動する業種では「1年前との比較」などをしたいですが、［検索アナリティクス］画面ではデータが90日で削除されてしまいます。そこで、ダウンロードしたデータを利用しましょう。

　このときに気を付けたいのが、ダウンロードするデータの条件を揃えることです。ダウンロードするデータは、その時点の［検索アナリティクス］画面のグループやフィルタの設定が反映されるので、毎回条件を揃えるようにします。ダウンロードできるデータにも999件までの上限があるので、データを取りこぼさないように絞り込みましょう。

　どのような条件がいいかはサイトにより異なりますが、例えば宿泊施設であれば、1カ月または30日ごとに区切って、地域名や「ホテル」といったキーワードで絞り込んだデータをダウンロードしておきます。こまめに改善を行っていく場合には週ごとでもいいでしょう。クリスマスなど短期のイベントに合わせてキャンペーンを行うような場合は、実施前から実施後まで、キャンペーンのフェーズに合わせた期間でデータを保存しておくと比較しやすくなります。

◆ダウンロードした［検索アナリティクス］のデータの例

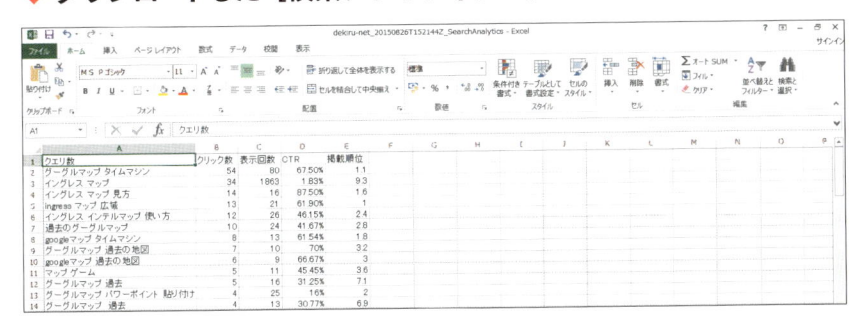

選択していた指標、グループやフィルタの状態が反映されたSearch Consoleの画面上の内容が、そのままCSVファイルとしてダウンロードされる。

新法則 41

ページの評価に応じたデータの見方

評価が高まったページから次のコンテンツのヒントを探す

作成・改善直後のページと、SEOにより評価の上がったページでは、得られる情報が変わります。情報の見方を変えて、次の成長のヒントを手に入れましょう。

第2章 キーワード分析と最適化の新法則

■ 評価の高いページにはキーワードが集まる

　［検索アナリティクス］画面では多様な絞り込みや比較を行えますが、見るべき情報、最適な絞り込み方は、施策の目的によって変化します。

　SEOによる掲載順位の向上を目的としてページの新規作成や改善をしたら、新法則34を参考に［ページ］グループでURLを絞り込み、［クエリ］グループに切り替えて、キーワードに対する順位を確認します。このときは掲載順位の向上だけでなく、順位が向上することで、表示回数やクリック数にどれくらい影響を与えたかを確認することが重要です。

　掲載順位の向上は、表示回数を増やしてクリック数を増やすための手段であって、掲載順位だけが上がっていても意味がないためです。もしも、表示回数が大きく伸びているのにも関わらずクリック数が増加していない場合は、新法則39を参考にスニペットのアピール不足の改善を図りましょう。

　掲載順位が上がり、表示回数、クリック数が増加してページの評価が高まると、当初は想定していなかったキーワードからの流入も増えてくる可能性があります。この段階ではURLで絞り込んでから［クエリ］グループに切り替えた情報から、対象ページに関連するキーワードを見ましょう。想定外のキーワードを発見したときは、キーワードツールで検索ボリュームを確認し、そのキーワードをテーマにした新規コンテンツを作成するか、現在のページに情報を追加するかを検討します。徐々に関連するコンテンツを増やし、集客を強化していきましょう。

　以上のように絞り込んだうえで、一定期間での変化を確認したいときには、新法則36を参考に［期間］グループでの比較を行います。時間経過による変化を見る場合は、日曜日から土曜日のように1週間単位で比較する期間を設定しましょう。曜日による変動を受けず、比較がしやすくなります。

関連　新法則49　本当に効果的なキーワードを選ぶためのツールを利用する……………P.118

新法則 42

Googleアナリティクスとの連携

GoogleアナリティクスとSearch Consoleを連携する

GoogleアナリティクスでSearch Consoleの情報を使う連携の設定ができます。両サービスの利点を生かせるようになるので、設定しておきましょう。

■ キーワード情報をGoogleアナリティクスで分析できる

　Search ConsoleとGoogleアナリティクスを連携すると、Googleアナリティクス上でSearch Consoleの情報を利用できます。［検索アナリティクス］のキーワードに関するデータがGoogleアナリティクスで見られるようになり、Search Consoleにはない機能を使った分析や加工が可能になるので、連携を設定しない手はありません。

　連携の設定を行うと、Googleアナリティクスの［集客］にある［検索エンジン最適化］メニュー内のレポートでSearch Consoleの情報を見られるようになります。詳しくは新法則44を参照してください。

関連 新法則44　アドバンスフィルタでキーワードを自在に絞り込む……………………………P.108

同じGoogleアカウントでGoogleアナリティクスのプロパティを作成しておく

①歯車のアイコンをクリック

②［Googleアナリティクスのプロパティ］をクリック

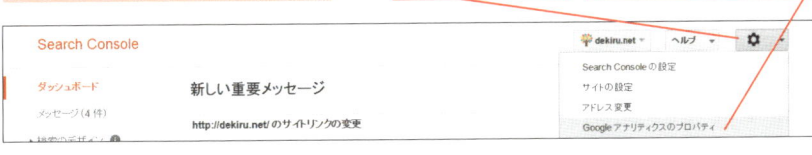

③表示されたプロパティをクリック

④［保存］をクリック

⑤［関連付けの追加］が表示されたら［OK］をクリック

Googleアナリティクスのプロパティと関連付けされる

URL　Googleアナリティクス　https://www.google.com/intl/ja-jp/analytics/

第2章　キーワード分析と最適化の新法則

新法則 43

Googleアナリティクスでの分析

アドバンスフィルタで
キーワードを自在に絞り込む

Googleアナリティクスの［アドバンスフィルタ］は、Search Consoleにはできない条件設定ができます。知りたい情報を簡単に絞り込む方法を覚えましょう。

■ キーワードに関する指標は概算値になる

　新法則42で解説した方法でGoogleアナリティクスとSearch Consoleを連携することで、Googleアナリティクスの［集客］にある［検索エンジン最適化］メニューから、［検索クエリ］［ランディングページ］［地域別サマリー］の3種類のレポートが見られるようになります。

　これはSearch Consoleの［検索アナリティクス］画面における［クエリ］［ページ］［国］の各グループの情報に相当します。ただ、Googleアナリティクスでは表示回数とクリック数が上2桁までの概算値になることに注意しましょう。正確な数値を見たいときは、Search Consoleを利用する必要があります。

■ Search Consoleにはない機能でデータを絞り込む

　Googleアナリティクスで使えるSearch Consoleにはない分析機能の中でも、もっともよく使うのが［アドバンスフィルタ］です。

　Search Consoleの［検索アナリティクス］では、「表示回数が1,000を超えるキーワードだけを表示する」のような数値による絞り込みができません。Googleアナリティクスのアドバンスフィルタを利用すると、クリック数、表示回数、平均掲載順位（掲載順位）、CTRの各指標に対し、数値でフィルタできます。次のページの手順では「クリック数が30を超える」で設定していますが、アドバンスフィルタは複数利用できるので、例えば「表示回数が1,000を超え、なおかつ平均掲載順位が7を超える」（順位の「超える」は順位が低いことを指す）のように設定することで、新法則38で解説した「表示回数が大きく、掲載順位が低いキーワード」を簡単に絞り込むことができます。

関連			
	新法則38	表示回数が多く掲載順位が低いキーワードから改善に着手する	P.100
	新法則38	表示回数が多く掲載順位が低いキーワードから改善に着手する	P.100
	新法則42	GoogleアナリティクスとSearch Consoleを連携する	P.105
	新法則44	施策の方向性に問題がないか指標の変動を動画で確かめる	P.106

◆ Googleアナリティクスのアドバンスフィルタを利用する

操作手順 集客 ▶ 検索エンジン最適化 ▶ 検索クエリ

クリック数が30を越える
キーワードだけを表示する

① [アドバンス] を
クリック

アドバンスフィルタが
表示された

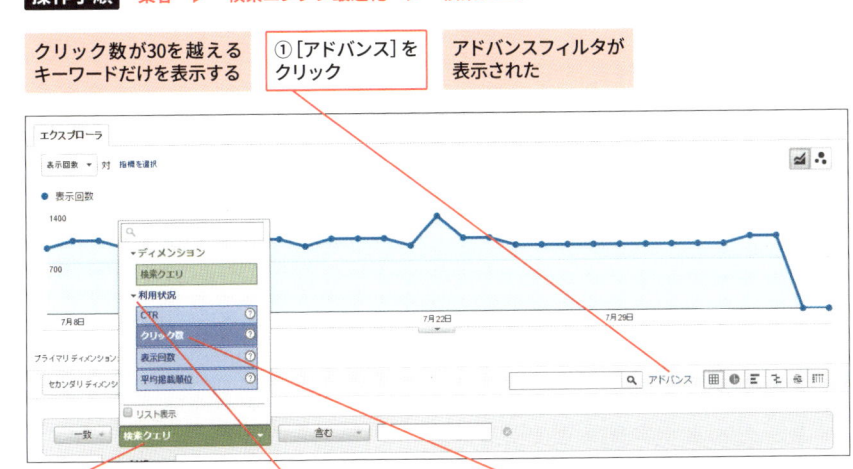

② [検索クエリ] をクリック

③ [利用状況] をクリック

④ [クリック数] をクリック

⑤ 「30」と入力

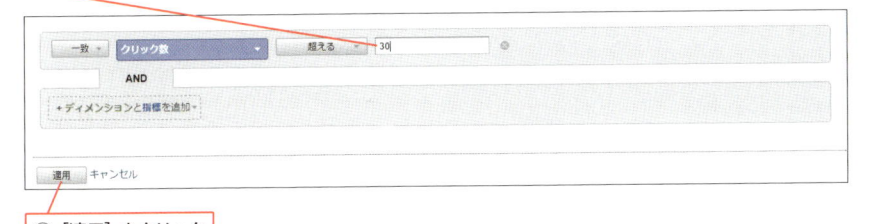

⑥ [適用] をクリック

アドバンスフィルタが
適用された

クリック数が30を超えるキーワード
だけが表示された

新法則 44

モーショングラフ

施策の方向性に問題がないか指標の変動を動画で確かめる

SEOの効果を、時間経過に沿った動画で確認します。Googleアナリティクスの「モーショングラフ」で、4つの指標の変動を見ていきましょう。

🟧 バブルチャートとしてキーワード関連のデータを分析する

「モーショングラフ」は、設定しているレポート期間中の指標の変動をバブルチャートの動きとして見られる機能です。一般的なバブルチャートでは、縦軸と横軸に加えてプロットした円の大きさで3つの指標を表現して関係性を見られるようにしますが、モーショングラフでは、さらに円の色を加えた4つの指標を表現できます。

キーワードごとに見たい場合は［検索クエリ］、ランディングページごとに見たい場合は［ランディングページ］のレポートで、次のページの手順のように操作すると、キーワードやランディングページのURLがモーショングラフの円として表示されます。

SEO施策の効果を確認するには、各指標を次のように選択してください。

・縦軸：平均掲載順位
・横軸：表示回数
・色（Color）：CTR
・サイズ（Size）：クリック数

再生すると時間経過に沿って［平均掲載順位］が上昇し（縦軸の［平均掲載順位］は順位が高いほど下に表示されます）、それに伴って［表示回数］が増加すると、円は右側に移動します。同時に［クリック数］が増えれば円が大きくなり、さらにCTR（クリック率）が高まれば、色が暖色系、そして赤に変化します。SEO施策のタイミングと関連させ、いつ何の指標が動いたか、または動かなかったかを見ていきましょう。

以上の変化がバランスよく起きているときは、SEO施策の方向性が間違っていないのだと確認できます。もしも［平均掲載順位］がなかなか上がらないようならば、コンテンツを見直しましょう。［表示回数］の伸びに対して［クリック数］が伸び悩むときは、スニペットのアピール不足の可能性を考え、修正します。

関連		
新法則38	表示回数が多く掲載順位が低いキーワードから改善に着手する	P.100
新法則39	上位なのにCTRが低いときはアピール不足を疑う	P.102
新法則42	GoogleアナリティクスとSearch Consoleを連携する	P.105

◆ モーショングラフでランディングページの指標の変動を見る

操作手順 集客 ▶ 検索エンジン最適化 ▶ ランディングページ

①[モーショングラフ]をクリック

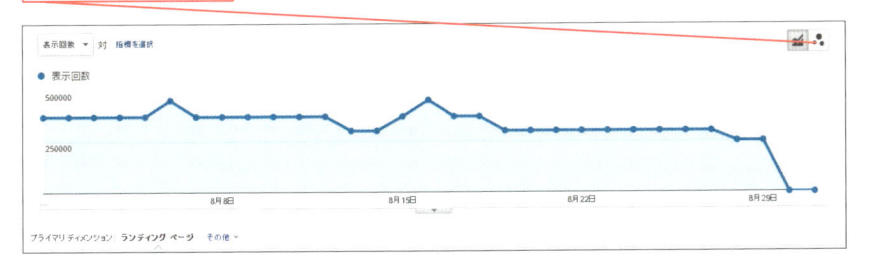

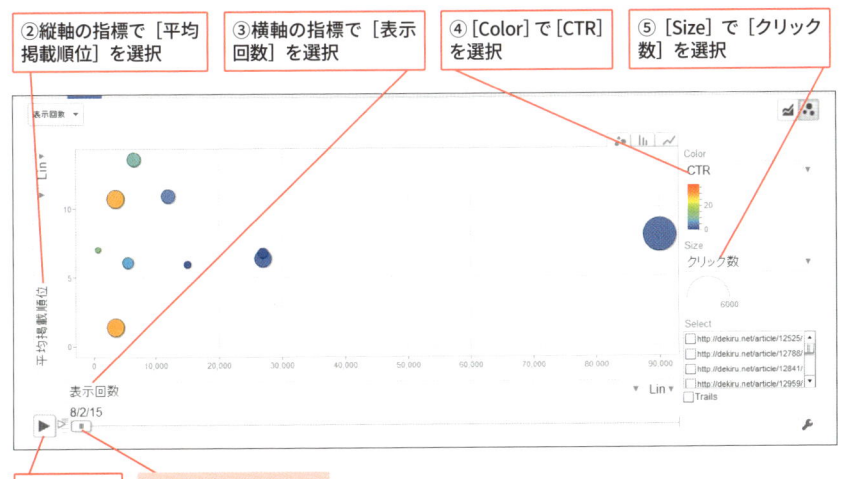

②縦軸の指標で[平均掲載順位]を選択

③横軸の指標で[表示回数]を選択

④[Color]で[CTR]を選択

⑤[Size]で[クリック数]を選択

⑥[Play]をクリック

スライダーをドラッグしても操作できる

モーショングラフが再生された

再生中もスライダーを操作できる

円にマウスポインターを合わせると項目の情報が表示される

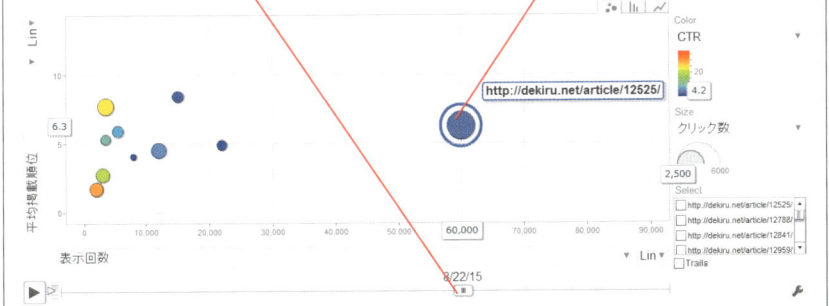

第2章 キーワード分析と最適化の新法則

できる | 109

新法則 45

ユーザー行動の測定と改善

ランディングページの満足度を高めて直帰率を下げる

ランディングページを訪問したあとのユーザー行動を、Googleアナリティクスで分析しましょう。検索したユーザーが満足したかどうかは、直帰率に表れます。

■「訪問したあと」の行動も重要

　Search Consoleでは、検索結果をクリックするところまでしかユーザーの行動を見ることができません。訪問したユーザーがサイト内でどのように行動したかを調べるには、Googleアナリティクスでランディングページからの行動を見ます。

　次のページの手順を参考に、Googleアナリティクスの［ランディングページ］画面で、SEOに力を入れているキーワードのランディングページの情報を確認します。検索ユーザーだけの行動に絞り込むため、セグメント（ユーザーの属性ごとの集団）で［自然検索トラフィック］を選択しておきましょう。

　一覧の中にユーザーの行動を確認したいURLがない場合は、検索ボックスにURLの一部を入力して検索します。

　［ランディングページ］画面で見るべき、わかりやすい指標は［直帰率］です。ランディングページからサイトを巡回し、商品の購入やサービスの申し込みをしてもらうことを目的としたサイトの場合、直帰率が高いということは、検索結果を見て期待していたことが実現できず、満足してもらえなかった可能性が高いと考えられます。ランディングページからのサイト内のユーザー行動の満足度を上げる施策は直接SEO（集客）に結びつくわけではありませんが、力を入れて制作し、集客もうまくいっているページの直帰率がほかのランディングページよりも高いようであれば、改善を図るべきです。

　改善は、新法則32で解説したように検索結果のほかのページを見ながらコンテンツの文章を見直すほか、ページ内でユーザーに提供する情報やユーザーに求める行動を明確にしたり、次のページへのリンクをわかりやすくしたりして、ナビゲーションを見直します。ユーザーが何をすればいいのかわからず直帰してしまうことが多かった場合は、ナビゲーションの見直しで直帰率を改善できます。

関連　新法則42　GoogleアナリティクスとSearch Consoleを連携する……………P.105

第2章　キーワード分析と最適化の新法則

◆ ランディングページを確認する

操作手順 行動 ▶ サイトコンテンツ ▶ ランディングページ

① [すべてのセッション] をクリック

② [すべてのセッション] のチェックマークをはずす

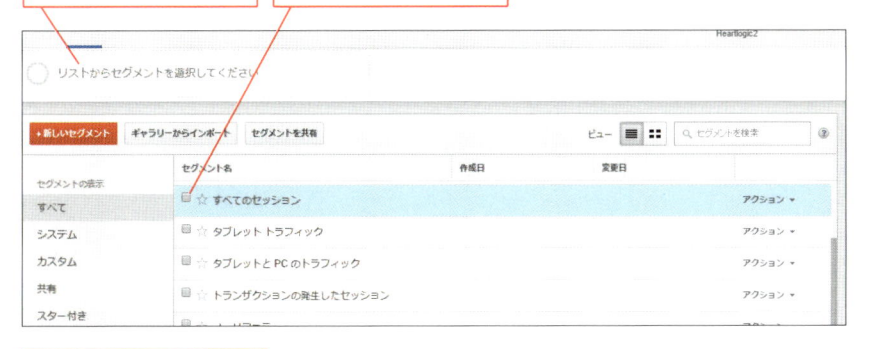

③ [自然検索トラフィック] にチェックマークを付ける

④ [適用] をクリック

[自然検索トラフィック] セグメントが選択された

⑤ ランディングページのURLの [直帰率] を確認

目的のページが表示されないときは、ここにURLの一部を入力して検索する

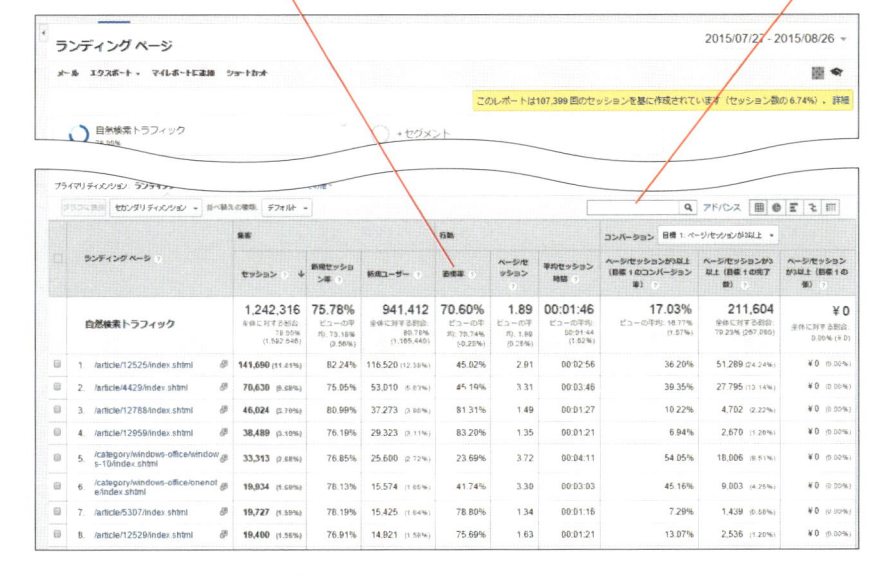

第2章 キーワード分析と最適化の新法則

新法則 46

メールレポート
Googleアナリティクスを定期レポートに活用する

Search Consoleの情報のダウンロードは通常だと手作業で行う必要がありますが、Googleアナリティクスから定期的にメール送信することで自動化できます。

■ PDF形式でのダウンロードも可能

　新法則36でも解説したように、Search Consoleの［検索アナリティクス］の情報は90日が経過すると削除されてしまいます。これはGoogleアナリティクスを利用しても同じで、最新の情報がある日から90日分までしかレポートを見ることができません。

　古い情報を利用するために、Search Consoleではダウンロード機能が提供されていますが、必ず手動で行う必要がありました。一方、Googleアナリティクスでは「メールレポート」機能を使うことで、CSVのほかTSV（タブ区切りテキスト）、Excel文書、PDFのいずれかの形式で、自動でのダウンロード（メール送信）が可能になります。

　数値は概算値になってしまいますが、過去の情報のバックアップとしても使えるように［メールレポート］の設定をしておきましょう。設定は次のページの手順を参考に行います。なお、メールレポートは一度設定したあと、最長でも1年の期限が過ぎると終了してしまいます。終了のタイミングを忘れないように注意しましょう。

◆ PDFのメールレポートの例

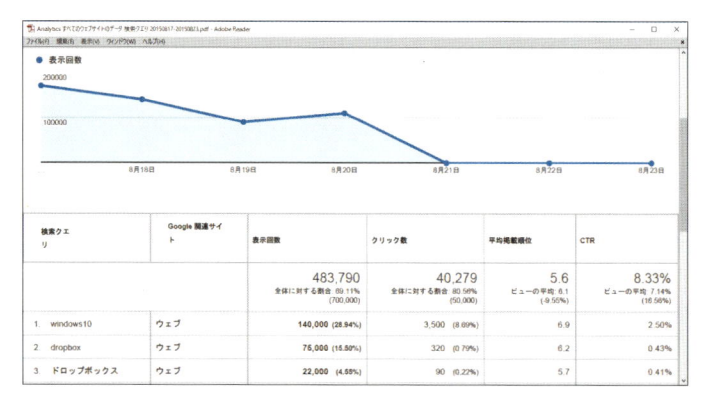

［検索クエリ］のレポートの画面をPDFファイル化したものが、添付ファイルとして自動的に届くようになる。

◆ Googleアナリティクスのメールレポートを設定する

操作手順 集客 ▶ 検索エンジン最適化 ▶ 検索クエリ

① [メール] を
クリック

② [宛先] にメール
アドレスを入力

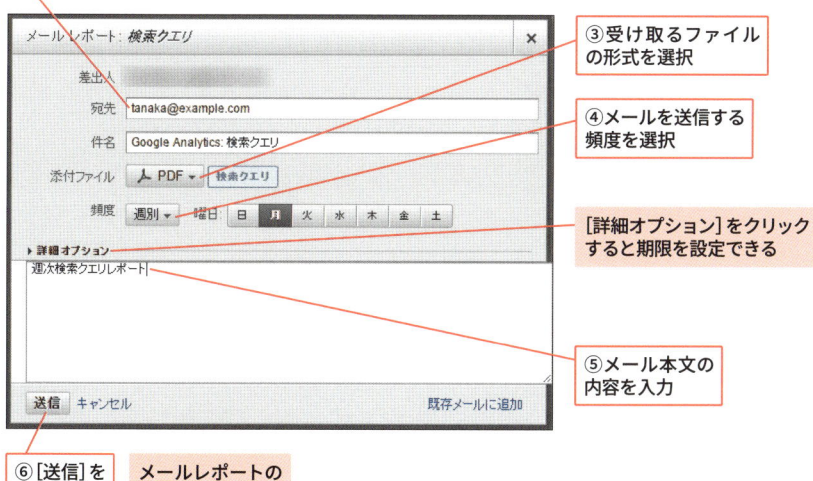

③ 受け取るファイル
の形式を選択

④ メールを送信する
頻度を選択

[詳細オプション]をクリック
すると期限を設定できる

⑤ メール本文の
内容を入力

⑥ [送信] を
クリック

メールレポートの
設定が完了する

第2章 キーワード分析と最適化の新法則

新法則 47

コンテンツキーワード

サイトの重要なテーマが認識されているか確かめる

Googleが自社サイトをどう認識しているかがわかるレポートを確認しましょう。考えていたテーマとずれがあったら、コンテンツを見直します。

■ コンテンツの積み重ねが正しく認識されているかを見る

「自社サイトが強いテーマはこれだ」と、担当者が考えているキーワード群があるはずです。例えば、不動産サイトならば「賃貸」「マンション」といったキーワードや、取り扱い物件がある地名や駅名。パソコンの解説サイトでは「Windows」や「Office」「使い方」のようなキーワードです。

こうしたキーワードが想定どおりにGoogleに認識されているかを確認するために、[コンテンツキーワード] 画面を見ましょう。サイト内のキーワードの出現頻度をもとに重要度を評価し、サイトでよく見られるキーワードが重要度順に一覧表示されます。

一覧の上位にサイトのテーマとしているキーワードが表示されていれば、テーマが問題なくGoogleに認識されていると考えられます。各キーワードをクリックするとキーワードの出現頻度の高いページが一覧表示されるので、カテゴリーのトップページや特集記事のページなど、重要なページでキーワードが認識されているか確認しましょう。

[コンテンツキーワード] の一覧はあくまでもサイト内での順位で、上位にあるキーワードが必ずしも検索結果で上位に表示されやすいわけではありません。しかし、サイトがGoogleにどのように認識されているかがわかる、貴重な情報です。重要度を上げたいキーワードの新規コンテンツを企画するなど、運営の参考にもなります。

もしも、サイトで力を入れているコンテンツに関するキーワードが上位に表示されないときは、原因を調べて修正する必要があります。もっとも可能性が高いのは、重要なページがインデックスに登録されていないケースです。新法則21で解説した[インデックスステータス] の詳細画面を確認したり、新法則18で解説した [robots.txtテスター] でブロックの状態を確認したりして、問題を発見しましょう。あるページがインデックスされているかを調べるには、次のページで紹介するように「site:」を付けてURLを検索します。

> 関連 新法則18 robots.txtは設置前に必ず動作テストをする……………………………………P.54
> 　　　新法則21 ブロックや削除をしたページの数を確認する……………………………………P.60

第2章 キーワード分析と最適化の新法則

◆サイト内で出現頻度が高いキーワードを確認する

操作手順 Googleインデックス ▶ コンテンツキーワード

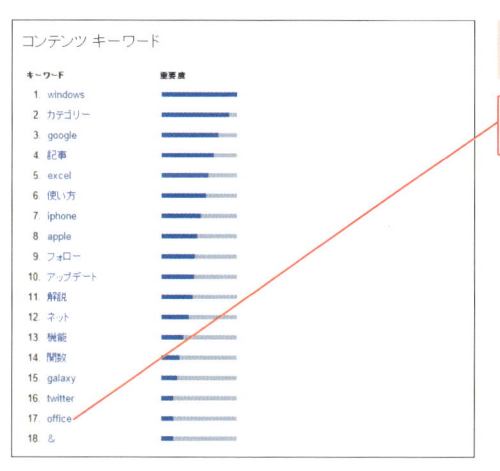

サイトの重要なキーワードの一覧が表示された

詳細を確認したいキーワードをクリック

選択したキーワードの出現頻度が高い上位のページのURLの一覧が表示された

インデックス状況を調べるにはURLを検索する

あるページがインデックスされているかを調べるもっとも確実性が高い方法は、「site:」検索演算子を使って「site:(確認したいページのURL)」と検索することです。インデックスされていれば検索結果にページが表示され、登録されていない場合は「一致する情報は見つかりませんでした」と表示されます。

Googleで「site:(ページのURL)」と入力して検索すると、そのURLがインデックスされている場合は検索結果に表示される。

第2章 キーワード分析と最適化の新法則

新法則 **48**

Googleトレンド

検索ボリュームの変動から
キーワードの将来性を探る

キーワードの表示回数が大きく増減したときには「Googleトレンド」で調べましょう。変動の原因や、長期的な変動の傾向がわかります。

■ 全体の検索数が表示回数の変動に深く影響する

　［検索アナリティクス］画面で確認できるキーワードの表示回数が、掲載順位の変動と無関係に大きく増減することがあります。テレビで取り上げられて一斉に検索されたり、話題性が上がって徐々に検索ボリュームが増えたりして、表示回数に影響を与えるためです。検索ボリュームの変動はSearch Consoleではわからないので、Googleの検索トレンド情報サービス「Googleトレンド」を利用し、次のページの手順のようにして調べましょう。

　Googleトレンドでは、キーワードを入力することで日ごと、月ごとなど指定した期間の検索ボリュームが［人気度］として表示されて変動を確認でき、複数のキーワードでの比較もできます。ただし、検索ボリュームを具体的な数値として知ることはできません。もっとも高いときを100とした、相対的な指数とグラフが見られるだけです。数値として知りたいときは、新法則49で解説するキーワードツールを使います。

　Googleトレンドでは関連キーワードの情報や、関連するニュースがあったときにはニュースの情報も提供され、SEO改善の参考にできます。

　検索ボリュームの増加が今後も続くようならば、そのキーワードに合わせたコンテンツを拡充したり、新法則39を参考に既存のページのクリックを増やしてCTRを上げるように改善したりすることで、集客の強化が見込まれます。

　反対に、掲載順位は上がっているのに表示回数が減っているキーワードを調べると、検索ボリュームが長期的に減り続けていることを発見することもあります。検索されないキーワードではいくら上位に掲載されても集客できないので、より高い効果が見込めるキーワードを探しましょう。

関連		
新法則39	複合キーワードの一覧から補強が必要な点を見つけ出す	P.90
新法則42	GoogleアナリティクスとSearch Consoleを連携する	P.105
新法則49	本当に効果的なキーワードを選ぶためのツールを利用する	P.118

◆Googleトレンドで検索ボリュームの変動を比較する

Googleトレンド
http://www.google.co.jp/trends/

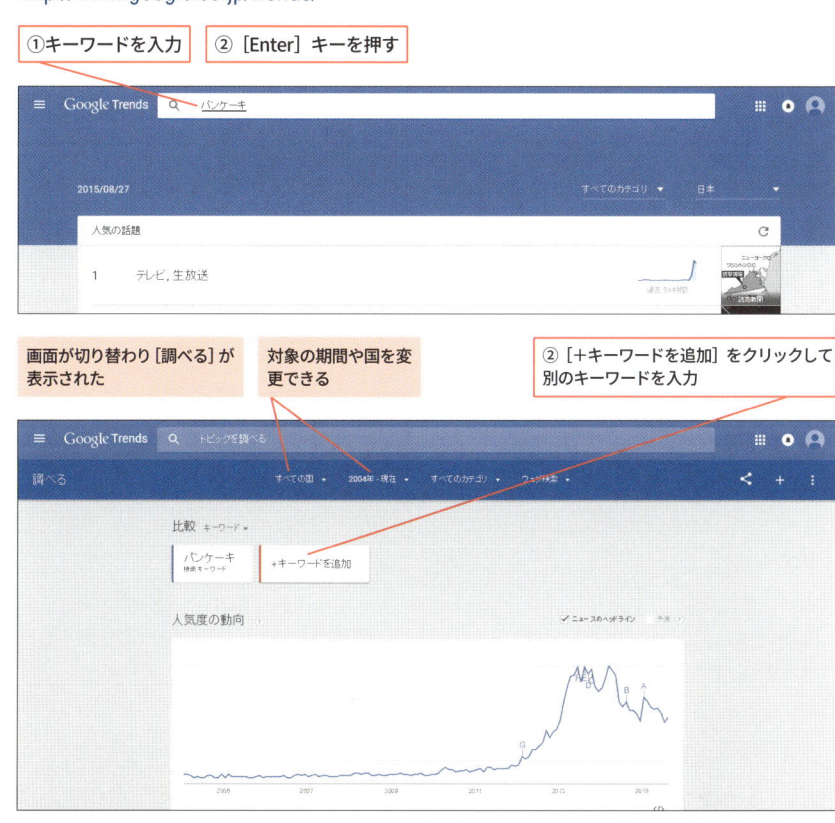

①キーワードを入力
②[Enter]キーを押す

画面が切り替わり[調べる]が表示された

対象の期間や国を変更できる

②[＋キーワードを追加]をクリックして別のキーワードを入力

[人気度の動向]で検索ボリュームの変動の調査や比較ができる

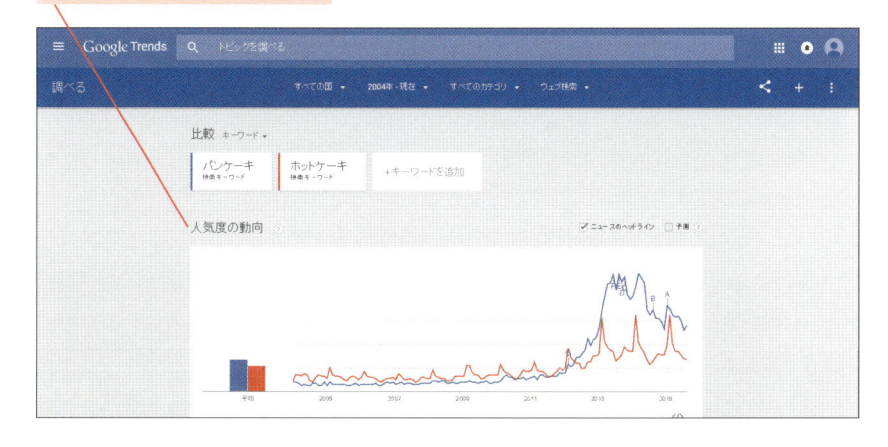

新法則 49

キーワードツール

本当に効果的なキーワードを選ぶためのツールを利用する

検索ボリュームが数値としてわかるキーワードツールは、キーワードの選定に使える強力な機能を持っています。集客を最大化するために使いこなしましょう

■ SEOで狙うべき「派生語」が提案される

　新法則28でも触れたように、キーワードの選定では顧客になるユーザーが実際に検索しており、かつ検索ボリュームが大きいキーワードを選ぶことがポイントとなります。検索ボリュームを厳密に知ることはできませんが、概算値を調べられるサービスがあるので、有効に活用しましょう。

　ここでは、Googleの広告サービス「Google AdWords」内に用意されている「キーワードプランナー」と、クロスリスティングが提供する「キーワードウォッチャー」の2つを取り上げます。一長一短があるので、それぞれの特徴を生かして使い分けてください。

　両ツールとも、キーワードを入力して、指定した期間の検索ボリュームの概算値を簡単に調べられますが、それだけではありません。同時に、一緒に検索されるキーワード（「派生語」と呼びます）を表示する機能も持ちます。

　例えば「コンタクトレンズ」を調べると、「コンタクトレンズ 通販」「遠近両用コンタクトレンズ」のように派生語を組み合わせたキーワードが表示され、それぞれの検索ボリュームがわかります。これによって自分で考えるだけでは思い付かない効果的なキーワードを発見できるのが、キーワードツールの最大の利点です。

■ 無料でも利用制限がないキーワードプランナー

　キーワードプランナーは、Google AdWordsに登録することで、広告を出稿していなくても（費用を支払わなくても）利用できます。キーワードウォッチャーと比べた利点は無料であることと、検索ボリュームが小さめのキーワードまで調べられることです。

　一方で、本来は広告主のためのツールなので、広告が出稿されないような派生語は表示されない点、キーワードを部分一致で調べられない（「コンタクト」で調べても「コンタクトレンズ」は表示されない）ところは難点です。キーワードの検索ボリュームを調べるのが主な目的の場合には、キーワードプランナーがいいでしょう。

第2章　キーワード分析と最適化の新法則

派生語を見つけやすいキーワードウォッチャー

　キーワードウォッチャーは、クロスリスティングが提携する大手ポータルサイトの検索データをもとに検索ボリュームの概算値を調査できます。無料プランだと1カ月に20回までしか利用できませんが、表示される派生語の数が多く、キーワード部分一致で調べられるなど、キーワードの選定のために派生語を見つけるツールとしては、使いやすい点が多くなっています。キーワード間のスペースの有無や語順の違いによっても違う派生語として表示されるため、検索するユーザーの目的の微妙な違いを推測できるのも特徴です。

　なお、無料プランでは、結果に表示される派生語を含めたキーワードの件数にも制限があり、検索ボリュームが多い上位20件までとされています。有料のプランには、1カ月に500回まで、キーワード件数100件までの「ライトプラン」（月額2,000円＋税）などがあります。

> **関連**
> 新法則28　SEO施策の流れと「改善で何をするか」を確認する……………………………… P.80
> 新法則48　検索ボリュームの変動からキーワードの将来性を探る ……………………………P.116

◆ キーワードプランナーで検索ボリュームを調べる

Google AdWords
http://adwords.google.com/

❶ キーワードプランナーを表示する

Search Consoleと同じGoogleアカウントでログインすると、Google AdWordsを利用可能できる

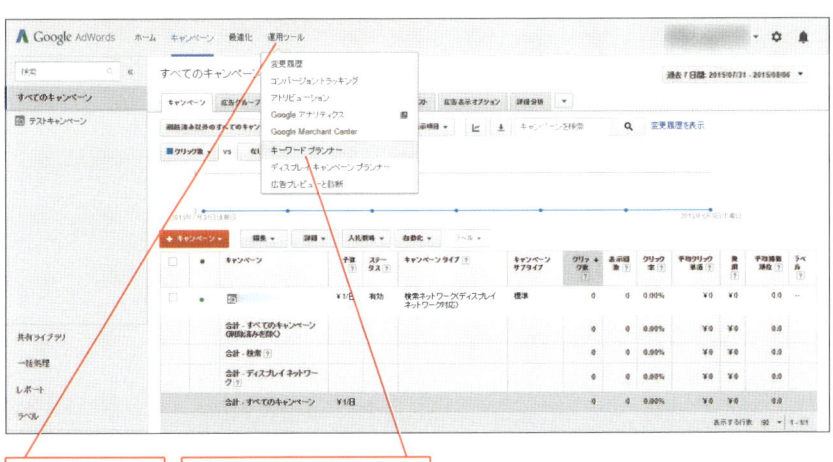

①[運用ツール]をクリック
②[キーワードプランナー]をクリック

次のページに続く

第2章　キーワード分析と最適化の新法則

❷ キーワードを入力する

①［フレーズ、ウェブサイト、カテゴリーを使用して新しいキーワードを検索］をクリック

②［宣伝する商品やサービス］にキーワードを入力

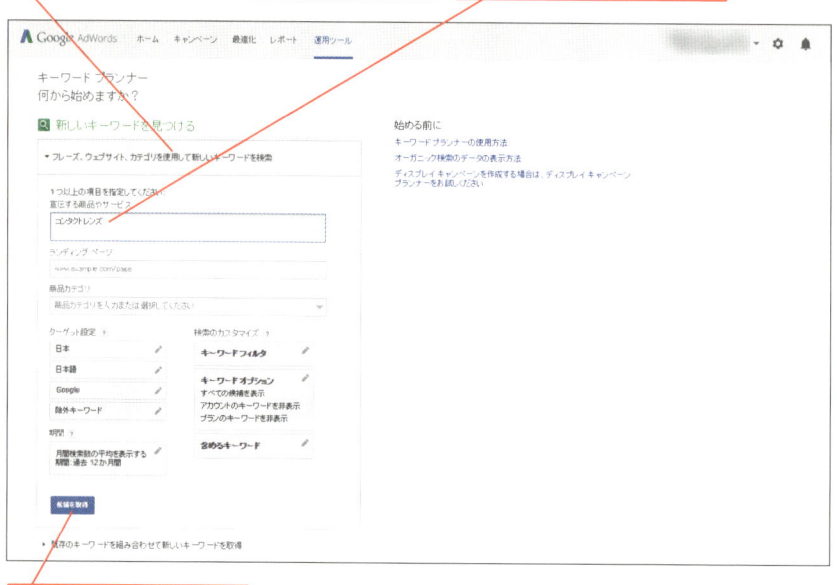

③［候補を取得］をクリック

❸ 派生語と検索ボリュームが表示された

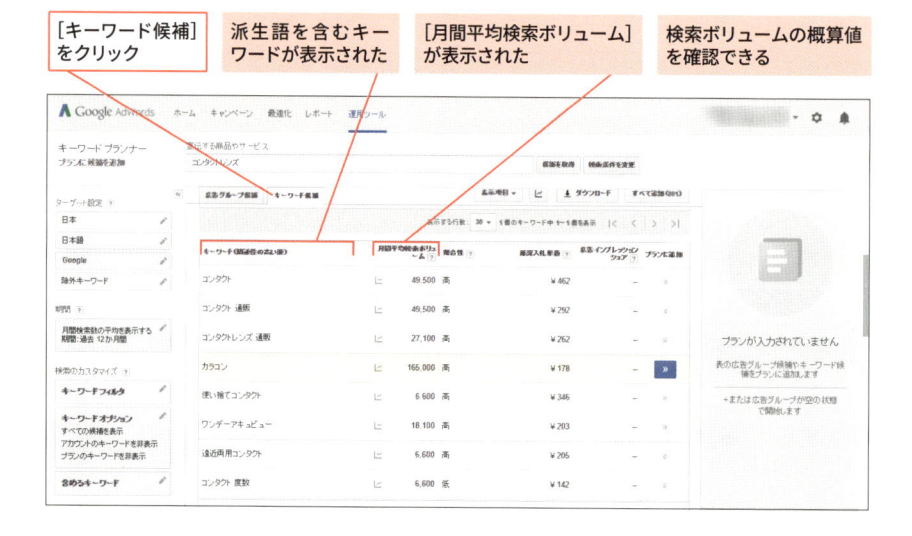

［キーワード候補］をクリック

派生語を含むキーワードが表示された

［月間平均検索ボリューム］が表示された

検索ボリュームの概算値を確認できる

◆ キーワードウォッチャーで検索ボリュームを調べる

キーワードウォッチャー
http://www.keywordwatcher.jp/

キーワードウォッチャーに登録し、ログインしてマイページを表示しておく

年、月を入力して調べる期間を指定できる

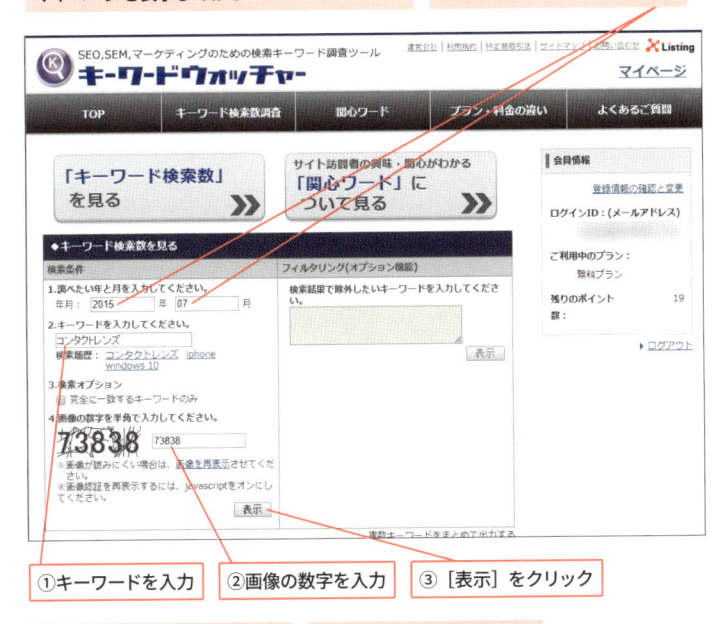

① キーワードを入力
② 画像の数字を入力
③ ［表示］をクリック

入力したキーワードと派生語の候補が表示された

検索ボリュームの概算値を確認できる

検索条件	検索数	検索数の推移
コンタクトレンズ	15,671	検索数の推移
コンタクトレンズ 通販	4,058	検索数の推移
コンタクトレンズ 通販	3,990	検索数の推移
遠近両用コンタクトレンズ	3,392	検索数の推移
コンタクトレンズ通販激安	2,427	検索数の推移
使い捨てコンタクトレンズ	1,677	検索数の推移
コンタクトレンズ 遠近両用	1,140	検索数の推移
遠近両用コンタクトレンズ評判	975	検索数の推移

第2章 キーワード分析と最適化の新法則

できる | 121

■ SEOの進化で、向き合う対象は検索エンジンからユーザーに変わった

　いつの時代のSEOでも、検索されるキーワードが重要であることは変わりません。しかし、検索されるキーワードに対するコンテンツを作るための考え方や、実際の作り方には、変化が生じてきています。

　10年ほど前（2005年ごろ）のSEOで作成するコンテンツは、キーワードを意識した文章を作成する、複数のワードで構成される複合ワードではキーワードの並び順や近接度を意識する、といったキーワードそのものを意識した手法が中心でした。文章が多少不自然でも、キーワードの効果的な並べ方を意識する方が成果が高くなることもあったものです。

　しかし、現在のSEOのコンテンツ作成では、キーワードを過剰に意識する必要がありません。検索エンジンのためにコンテンツを作成するのではなく、検索したユーザーに対してコンテンツを作成した方が評価される時代に変化しているからです。

　このような変化は何によるものかというと、検索エンジンの技術の向上と、検索するユーザーの環境の変化が挙げられます。

　検索エンジンの処理速度や能力は、10年前から格段に向上していると考えられます。コンテンツのキーワードを表面的に評価するだけでなく、文脈を理解して評価し、必要な人に届けられるようになっています。

　ユーザーの検索する環境の変化として主に挙げられるのが、モバイル（スマートフォン）での検索です。いつでも検索できるスマートフォンの普及により、ユーザーにとって検索はより身近なものになりました。一方で検索エンジンには、スマートフォンの特性に合わせたコンテンツを提供する必要が生じました。

　その結果、検索もユーザー環境に応じて変化を続けています。「居酒屋」「カラオケ」のようなキーワードに対し、「今そこに行きたい」ユーザーのために位置情報に対応して近隣の店舗を検索結果として返すのは、その一例です。検索エンジンを通してサイトでコンテンツを提供する企業も、「そのユーザーがなぜ検索したのか？」「検索した背景にはどのような意図があるのか？」、といったことを考えていかなければなりません。そのためには、ユーザー（顧客）を知り、ユーザーの気持ちに寄り添うことが重要です。

第3章

ページやサイトの構造を整える新法則

ページ内の文書構造やサイトの構造がSEOに影響します。HTML文書からリンクまで、さまざまな「構造」をSearch Consoleを利用してチェックし、改善していく方法を身に付けましょう。

新法則 **50**

HTMLの改善

タイトルとメタデータが問題となる原因を理解する

タイトルやメタデータの問題が［HTMLの改善］画面に表示されます。どのような意味を持つ指摘かを理解しましょう。

■ 不適切な文字数や重複は検索結果で不利になる可能性がある

　リニューアルなどでタイトルの付け方を変更したときや、多数のページを追加したときなどに、注意して確認したいのが［HTMLの改善］画面です。新法則29でも解説したタイトルとメタデータについて、問題があるページを一覧表示します。

　［HTMLの改善］画面に表示されるのは、ユーザーに十分な情報を届けられなかったり、混乱させたりする可能性があるタイトルやメタデータを持つページです。具体的には、短すぎるもの、長すぎるもの、それからサイト内で重複しているものが指摘されます。

　短すぎては情報が不十分で、長すぎてはスニペットに表示しきれません。重複はわかりにくいだけでなく、ページ内容を正しく表していない可能性があります。このような問題がサイト内に発生していると、検索結果のクリック率の低下などの影響があります。新法則51以降を参考に修正していきましょう。

■ 問題がペナルティにつながることはない

　タイトルとメタデータの問題は、いわゆる「ペナルティ」につながるものではありません。サイトによっては多数の問題が表示されて驚くかもしれませんが、［HTMLの改善］画面に表示される問題は、悪意によるものと見なされることはありません。改善は必要ですが、慌てずに修正してください。

　なお、［HTMLの改善］で表示された問題を修正しても、すぐに問題の表示は消えません。また、新法則15で解説した［クロールエラー］のように、「修正済み」処理をする機能もありません。Googleがページを再クロールし、インデックスが修正されて、レポートが更新されることで消えます。それまで待ちましょう。

関連
新法則51　タイトルは30文字以内の具体的な言葉で訴求する……………………………P.126
新法則52　メタデータは最初の50文字で重要なことを書ききる……………………………P.127
新法則53　大量の重複は設定やCMSの問題を疑う……………………………………………P.128

◆ [HTMLの改善] を確認する

操作手順 検索のデザイン ▶ HTMLの改善

メタデータの問題が表示された

問題がない場合は [問題は検出されませんでした。] と表示される

問題がある項目をクリック

HTML の改善
最終更新日: 2015/08/03
以下の問題に対処すると、サイトのユーザー エクスペリエンスとパフォーマンスを向上できる可能性があります。

メタデータ(descriptions)	ページ
重複するメタデータ(descriptions)	12
長いメタデータ(descriptions)	0
短いメタデータ(descriptions)	7

タイトル タグ	ページ
タイトル タグの記述なし	0
タイトル タグの重複	6
長いタイトル タグ	0
短いタイトル タグ	0
情報が不足しているタイトル タグ	0

インデックス登録できないコンテンツ	ページ
サイトからインデックス不可コンテンツに関する問題は検出されませんでした。	

[重複するメタデータ(descriptions)] が表示された

問題があるページの一覧が表示された

HTML の改善

重複するメタデータ(descriptions)
メタデータ (descriptions) を記述することで、ユーザーが検索結果ページでサイトのコンテンツの内容を確認できるようになるため、サイトへのアクセスにつながります。

このテーブルをダウンロード　　表示 25 列　1 - 5/5 件

重複するメタデータ(descriptions)のあるページ	ページ
▶ 『「できるシリーズ」秋の大感謝フェア』実施に伴い、記念すべき第1回...	3
▶ Word(ワード)の使い方を解説した最新記事の一覧です。文字の入力や変換...	2
▶ 新刊『あるある』で学ぶ 忙しい人のためのExcel仕事術(できるビジネス...	3
▶ スケジュール管理の必須ツール「Googleカレンダー」(グーグルカレンダー...	2
▶ 僕、できるもん！インプレス「できるシリーズ」の公式キャラクターだも...	2

1 - 5/5 件

新法則 51

ページのタイトルの最適化

タイトルは30文字以内の具体的な言葉で訴求する

ページのタイトルは、検索結果の中でもっとも目立つコピーとして機能します。文字数も大事ですが、ユーザーに届く言葉であることも大事です。

■ ページの魅力を伝える言葉を漏れなく入れる

　ページのタイトルは、検索結果に表示されたときにもっとも目立つキャッチコピーとしての役割を持ちます。ページの内容を具体的、かつ簡潔に表す文章にしましょう。具体的とはいっても検索結果に表示できる文字数には限りがあるので、30文字以内を目安にします。

　あまり長いタイトルは、検索結果に表示されるときに省略されてしまいます。一方で短すぎるタイトルにも問題があるので、「このページにはどのような情報があるか」がわかる十分な情報を盛り込む必要があります。新法則50で解説した［HTMLの改善］では、短すぎるタイトルや長すぎるタイトルが指摘されますが、長さの問題を指摘されないようにする、というよりは、具体的にページの魅力を伝えつつ、冗長にならないように言葉をまとめることが重要です。

　例えば、オンラインショップの「子ども靴」のカタログページがあるとき、そこにある靴は「安い」のか「丈夫」なのか「歩きやすい」のか？　誰がどのような用途で履くのか？　といった言葉を加えましょう。メーカーやブランドでまとまっているならば、その名前も重要な言葉です。さらに、「送料無料」「翌日配達」「返品対応」など、魅力的なショップの特長も伝えた方がいいでしょう。

　このようにして言葉を加えていったら、30文字は短く感じるはずです。例えば「安くて丈夫で汚れにくい子ども向け運動靴。（サイト名）」で、サイト名を除いて24文字です。タイトルでアピールするべき言葉を選んで、入りきれなかった言葉はメタデータに書くようにしましょう。そのうえで、タイトルとして自然な表現になるように整えます。

関連
新法則29　全体の「わかりやすさ」とタイトルの「訴求力」を意識する ……………… P.82
新法則52　メタデータは最初の50文字で重要なことを書ききる ……………………… P.127
新法則53　大量の重複は設定やCMSの問題を疑う ……………………………………… P.128

新法則 52

ページのメタデータの最適化

メタデータは最初の50文字で重要なことを書ききる

ページのメタデータは、タイトルを補足するサイトの説明文となります。もっとも短く表示されるモバイル検索を基準に文字数を考えましょう。

■ パソコンとスマートフォンでは表示される文字数が違う

　メタデータは、検索結果ではページの説明文として表示されます。検索したユーザーは、タイトルが気になったページをより詳しく知ろうとしてメタデータを読みます。新法則51ではタイトルの書き方について解説しましたが、タイトルに書ききれなかったことや説明の必要があることを中心に、コンテンツの詳細や、ビジネスにおける強みなどを記載し、わかりやすく魅力的な文章にしましょう。

　タイトルと同様、メタデータも文字数に制限があり、パソコンの検索結果では120文字前後が目安となります。しかし、モバイル検索では50文字前後しか表示されないため、どのような環境のユーザーにも読んでほしい重要な内容は、50文字以内に書ききるのが理想的です。残りの70文字は、パソコンで検索したユーザーには読める補足的な内容としましょう。

| 関連 | 新法則29 | 全体の「わかりやすさ」とタイトルの「訴求力」を意識する………………P.82 |
| | 新法則51 | タイトルは30文字以内の具体的な言葉で訴求する……………………P.126 |

◆ パソコンとスマートフォンのメタデータ表示の違い

パソコンのウェブ検索結果

```
Excel関数一覧 機能別 | できるネット
dekiru.net/article/4429/ ▼
2014/09/25 - Excel（エクセル）2013 / 2010 / 2007に対応した全465関数の使い方を、
関数の機能ごとの分類でまとめた一覧です。「数学／三角関数」「検索／行列関数」
「統計関数」などの分類から関数を探せます。
SUM 数値を合計する - IF関数で条件によって利用する式… - PRODUCT 積を求める
15/01/30 にこのページにアクセスしました。
```

パソコンのウェブ検索結果では、120文字程度までメタデータが表示される。

モバイルのウェブ検索の結果

```
Excel関数一覧 機能別 | できるネット
dekiru.net › article
スマホ対応 - 2014/09/25 - Excel（エクセル）2013 / 2010 / 2007に対応した全465関数の使い方を、関数の機能ごとの分類でまとめた…
SUM 数値を合計する
```

モバイルの検索結果では50文字程度までしかメタデータが表示されない。

第3章　ページやサイトの構造を整える新法則

新法則 53

タイトルとメタデータの重複の解決

大量の重複は設定やCMSの問題を疑う

タイトルやメタデータの重複が何十、何百ページも指摘されることがあります。偶然の重複ではなくシステム的な問題だと考えて解決しましょう。

■ 大量の重複は原因を特定することが重要

　[HTMLの問題] 画面でタイトルやメタデータの重複が数件程度表示されるのは偶然の可能性もありますが、大量に表示される場合は、何か別の問題があります。サイトの設定や、サイトの運営に利用しているCMS（コンテンツ管理システム）に問題がないか、確認する必要があります。

　ここでは代表的な原因を紹介します。次のページの手順を参考に重複しているURLを確認し、どのパターンに当てはまるかを推測して対策を取りましょう。

1つのページが複数のURLとしてクロールされている

　例えば、ディレクトリのトップページで「http://dekiru.net/iphone/」と「http://dekiru.net/iphone/index.html」のタイトルやメタデータが重複していると表示されるような場合です。実際には1つのページですが、そのページへのリンクが別々のURLの書き方をされていると、別のページとしてクロールされ、重複だとして扱われることがあります。

　このような場合は、新法則54を参考に「URLの正規化」を行い、1つの正規のURLを定義することで解決できます。

検索される必要がないページはブロックしておく

重複が発生しがちなページの中には、検索される必要のないページが存在する場合もあります。例えば、オンラインショップの商品の写真を拡大するページが個別にあり、タイトルがすべて「拡大表示」というタイトルになっている場合などです。そのようなページは新法則17を参考にしてクロールをブロックしましょう

分割したページのタイトルやメタデータが同じになっている

　1本の記事を複数ページに分割したページや、オンラインショップの商品カタログページで並べ替えや絞り込みをして生成されたページなど、1つのデータから複数のページを生成しているときに、タイトルやメタデータが同じになってしまうことがあります。その結果「page2.html」「page3.html」のように、ページを分けたURLが重複と表示されてしまいます。この場合は新法則55を参考に、CMSのページ生成の方法を見直しましょう。

古いページやテストサイトがクロールされている

　サイトの構造を変更してURLが変わったときに古いページのファイルが残っていたり、同じドメイン上にあるテスト用のサイトがクロールされていたりすると、それらが原因で重複が起きることがあります。

　古いサイトやテストサイトがある場合は、新法則17を参考にクロールをブロックします。また、新法則95～97を参考に古いサイト内のページからのリダイレクトを行うなど、サイト移転の方法も参考にしましょう。

関連
- 新法則50　タイトルとメタデータが問題となる原因を理解する ……………………………… P.124
- 新法則54　重複が起きないようにページの正しいURLを指定する ……………………… P.130
- 新法則55　分割したページの正規化は各ページで行う ……………………………………… P.133

◆ 重複が発生しているURLを表示する

操作手順　検索のデザイン ▶ HTMLの改善

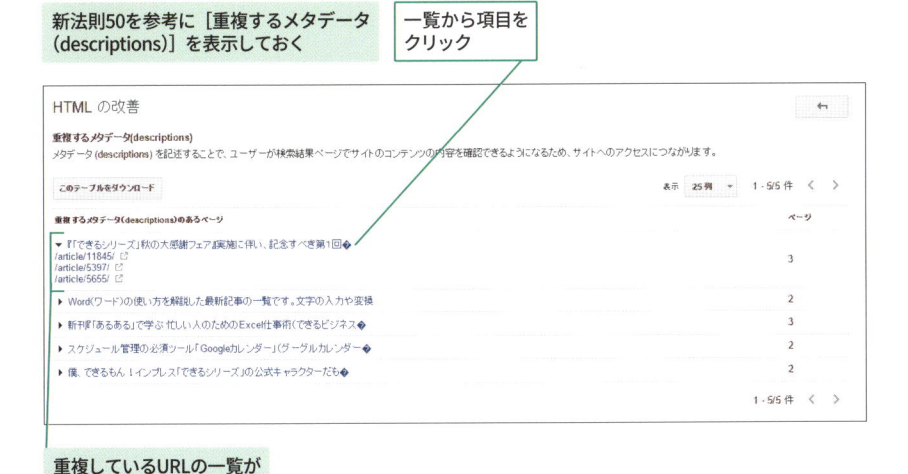

新法則50を参考に［重複するメタデータ(descriptions)］を表示しておく

一覧から項目をクリック

重複しているURLの一覧が表示された

新法則 54

URLの正規化

重複が起きないようにページの正しいURLを指定する

1つのページが複数のURLとしてGoogleに認識される問題を避けましょう。「URLの正規化」により、認識するべきURLを指定できます。

■ カノニカルで正規のURLを指定する

　1つのページが複数のURLとしてGoogleに認識されてしまうことがあります。新法則53でも紹介したように、ディレクトリのトップページはファイル名を入力してもしなくてもアクセスできるため、「http://dekiru.net/iphone/」と「http://dekiru.net/iphone/index.html」という2つのURLでGooglebotに認識されることがあります。すると、タイトルやメタデータが重複として扱われたり、リンクの評価が分散してしまったりと、SEO上のデメリットが生じます。

　そのようなときには、「rel="canonical"」属性を持つ「link」要素を使って、そのページの正規のURLを設定します。これを「URLの正規化」と言い（属性の名前から「カノニカル」と呼ばれることもあります）、異なるURLでGooglebotがクロールしても、そのページの正規のURLが認識されるようになります。

　例えば、以下のように記述されたページでは、Googlebotが「http://dekiru.net/iphone/index.html」というURLでアクセスしても、正規のURLは「http://dekiru.net/iphone/」だと認識されるため、「http://dekiru.net/iphone/」だけがインデックスされるようになり、重複は起こりません。

　「rel="canonical"」属性を持つ「link」要素によるURLの正規化の記述には、2つのパターンがあります。1つはここで挙げたディレクトリのトップページのように、実体としては1つのページが複数のURLとして認識される場合です。もう1つは実体としては違うページを1つのURLとして認識させたい場合で、次のページで解説する「パソコン用とモバイル用でページを分けるとき」や「複数のサイトに同じコンテンツを置くとき」が相当します。

◆URLの正規化のための「link」要素の記述

```
<link rel="canonical" href="http://dekiru.net/iphone/">
```

「rel="canonical"」属性を持つ「link」要素をHTML文書の「head」要素内に記述し、「href」属性でそのページの正規のURLを設定する。

正規化が有効な場面

　URLの正規化は、ディレクトリのトップページのURLを正規化するほかに、次のような場面でも利用できます。

商品カタログなどで同じコンテンツが異なるURLで表示されるとき

　商品カタログのページを並べ替えたり絞り込んだりすることでURLが変わる場合、同じコンテンツならば同じページとして認識されるよう、標準的な表示のURLに正規化します。

（例）

| http://example.com/catalog?category=4&sort=ascend&st=1 |
| http://example.com/catalog?category=4&mm=2&fav=yes |
| http://example.com/catalog?category=4&st=4&u=sp |
| http://example.com/catalog?category=4&st=2&fav=yes |

↓

| http://example.com/catalog?category=4 |

複数のサイトに同じコンテンツを置くとき

　グループ企業で展開しているサービスの説明ページなどで、ドメインが異なるサイトにまったく同じコンテンツを置きたい場合、本社など中心となるサイトの説明ページのURLで正規化することによって、重複したコンテンツだと判断されることを防げます。

（例）

| http://example.com/order.html |
| http://shop.example.com/order.html |
| http://example.net/order.html |

↓

| http://example.com/order.html |

次のページに続く

URLの正規化は同じコンテンツのページに使う

　URLの正規化は、「同じコンテンツがある複数のURL」があるときに行うもので、違うコンテンツのページに対して行うのは適切ではありません。例えば「2014年版商品カタログ」のページから、最新のカタログができたからといって「2015年版商品カタログ」のページに正規化するような使い方は誤りです。このような場合はリンクを張って紹介するなどしましょう。

　前のページで、商品カタログのURLの正規化の例として「http://example.com/catalog?category=4」というURLを紹介しましたが、これはURLパラメータ「category」の数字によってコンテンツが変わることを想定しています。

　もしも「category=5」でも「category=6」でもコンテンツが変わらないならば、正規化するURLは「http://example.com/catalog」でいいでしょう。このようなURLパラメータを持つページの正規化は、コンテンツにより、どのURLで正規化するのが適切か判断する必要があります。

　なお、実際の記述にあたっては、URLの記述ミスに十分に気を付けてください。URLの正規化は、「rel="canonical"」属性を持つ「link」要素を記述したページを「href」属性で指定した正規のURLに統一してしまう効果があります。間違えたURLを記述したり、本来記述する必要のないページに記述してしまったりすると、重要なページが検索結果から消えてしまうことになります。

関連
- 新法則50　タイトルとメタデータのどのような状態が問題か理解する ……………………P.124
- 新法則53　大量の重複は設定やCMSの問題を疑う ……………………………………P.128
- 新法則55　分割したページの正規化は各ページで行う……………………………………P.133
- 新法則90　多くのURLが検出されたらブロックや正規化で対策する …………………P.209

正規化するURLは絶対パスで記述する

URLを正規化するために記述する「link」要素の「href」属性のURLを「../index.html」のように相対パスで記述してしまうと、意図どおりに正規化されないことがあります。例えば、「http://dekiru.net/」の担当者が相対パスで正規化したHTMLファイルを作成し、同じファイルを別のドメイン「http://example.net/」でサイトを運営する担当者が受け取ってそのまま公開した場合、別のドメインの中での相対パスで正規のURLが指定されることになってしまいます。ミスを避けるために、正規のURLは必ず「http://～」から始まる絶対パスで記述しましょう。

新法則 55

ページ分割と正規化

分割したページの正規化は各ページで行う

1本の記事やカタログを複数ページに分けたとき、正規化はどこに対して行うべきか悩むかもしれません。これは各ページで行うのが正解です。

■ ページを分割したら別々のコンテンツとして扱う

新法則54で解説した「rel="canonical"」属性を持つ「link」要素によるURLの正規化で、よくある誤解が「1つのコンテンツを複数ページに分けたときは、同じコンテンツなのだから1ページ目に対してURLの正規化をするべき」というものです。元のコンテンツは同じなので、そのような判断をする気持ちはわかります。しかし、ウェブでは、URLが異なる文字になったら別のページとして扱われてしまいます。そして、URLごとに「同じコンテンツかどうか」を考えます。

元は1つのコンテンツでも、分割したページでURLを正規化するときには、各ページで行うように設定します。そうでないと、2ページ目以降がインデックスされません。

◆ 分割したページごとにURLを正規化する例

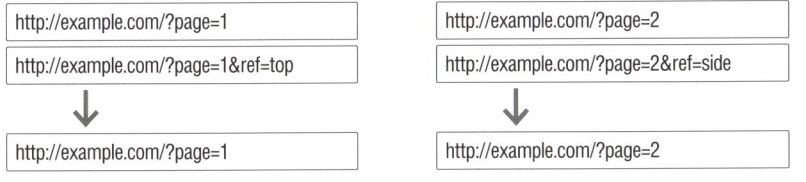

| http://example.com/?page=1 |
| http://example.com/?page=1&ref=top |

↓

| http://example.com/?page=1 |

| http://example.com/?page=2 |
| http://example.com/?page=2&ref=side |

↓

| http://example.com/?page=2 |

分割した各ページは独立したページなので、別々にURLを正規化する。コンテンツが連続していることは、以下を参考に「link」要素で知らせる。

分割したページでは前後の関係を要素で記述する

同じコンテンツをを複数のページに分割することを「ページネーション」と言います。ページネーションをしたときには、「link」要素を使用して前のページから次のページに対して「<link rel="next" href="（次のページのURL）">」、次のページから前のページに対して「<link rel="prev" href="（前のページのURL）">」と記述し、コンテンツを分割したページ内での関係を知らせます。

新法則 56

ページ分割と重複の回避

分割したページの重複は番号を付けて回避する

長い記事やカタログなどでページを分割するとき、ただ分割しただけではタイトルとメタデータが重複します。ページ番号を付けて対策しましょう。

■ CMSの適切なカスタマイズが必要

メディアサイトの長い記事や多数の商品があるカタログを複数のページに分割したときは、タイトルとメタデータの重複に注意する必要があります。ページが異なれば別々のコンテンツとして扱われますが、元のコンテンツとしては1つなので、そのままのタイトルやメタデータでは重複と扱われてしまいます。

とはいえ、まったく異なる内容にする必要はありません。タイトルとメタデータの最初か最後に「(1/3)」「(2ページ目)」のようにページ番号を付ければ、重複は避けられます。

このようなページはたいていCMSで生成することになりますが、タイトルやメタデータの生成アルゴリズムはどうなっているのか、書式のカスタマイズが可能かをCMSの導入前に確認し、重複が起きないようにカスタマイズしましょう。

| 関連 | 新法則53 大量の重複は設定やCMSの問題を疑う……………………………………P.128 |
| 新法則55 分割したページの正規化は各ページで行う………………………………P.133 |

◆ タイトルやメタデータにページ番号を加えた例

カテゴリーの記事一覧を複数ページに分割し、1ページにはページ番号を付けず、2ページ目以降ではタイトルの先頭に「(2/16ページ)」のようにページ番号を付けてわかりやすくしている。メタデータの最後にもページ番号を付けているが、すべては表示されていない。

第3章 ページやサイトの構造を整える新法則

新法則 57

インデックスできないファイル形式の対処
リッチコンテンツには代替情報を用意する

特殊なリッチコンテンツなどは、クロールやインデックスができないことがあります。テキストなどでの代替情報の提供を検討しましょう。

■ マイナーな形式はインデックスされない

　Googlebotは、リッチコンテンツの作成に使われる「Flash」でも、クロール用のテキストコンテンツを用意することで、情報をインデックスできます。しかし「Microsoft Silverlight」など、マイナーな形式のリッチコンテンツはクロールやインデックスができません。また、動画ファイルの中の情報にも対応できません。

　実際にはまれなケースになりますが、このようなGooglebotがクロールできないコンテンツがあったときは、[HTMLの改善]画面の[インデックス登録できないコンテンツ]にURLが表示されます。

　インデックスできないコンテンツになったURLを確認し、代替となる情報を提供しましょう。以下の例のようにリッチコンテンツを挿入する「object」要素内に代替コンテンツとなるテキストを記述し、それがクロールされれば、ユーザーにリッチコンテンツで届けたかった情報が検索結果に表示されるようになります。

関連　新法則50　タイトルとメタデータが問題となる原因を理解する ……………………………… P.124

◆「object」要素を利用した代替情報の例

```
<object id="SilverlightPlugin1" width="400" height="200"
  data="data:application/x-silverlight-2,"
  type="application/x-silverlight-2" >
  <param name="source" value="SilverlightApplication1.xap"/>
プロによるエアコン清掃サービスの方法を写真で紹介します。衛生管理の行き届いた当社スタッフが、お部屋をいっさい汚すことなくエアコンを生まれ変わらせます。
  …
</object>
```

Microsoft Silverlightなどのリッチコンテンツを挿入するために使われる「object」要素は、開始タグと終了タグの間に代替コンテンツを記述できる。この例ではMicrosoft Silverlightが再生できないブラウザーに対して、写真でエアコン清掃サービスを紹介する内容を記述している。

新法則 58

構造化データの概要

構造化データの効果と「リッチスニペット」を理解する

「構造化データ」は検索エンジンにページ内のデータの意味を伝え、検索結果の「リッチスニペット」を実現します。効果と作成方法を知りましょう。

■ 検索エンジンにデータの意味を伝えられる

「構造化データ」とは、HTML文書に決まった書式を記述することによって、文書内のデータの意味を定義できます。例えば、通常のHTML文書に「ABCレストラン」という文字列があっても、それがどのような意味を持つのか、検索エンジンのクローラーには判別できません。しかし、飲食店の店名を表すための記述のルールをあらかじめ決めておき、ルールに沿った属性を持つタグを使うことで、「この『ABCレストラン』はレストランの店名だ」とクローラーが理解できるようになります。

構造化データは、ウェブの情報の意味をコンピューターが理解できるようにする「セマンティック・ウェブ」というプロジェクトから生まれ、Googlebotなど検索エンジンのクローラーに、ページの情報の意味を伝えることを狙いとしています。構造化データのメリットは目に見えにくいのが現状ですが、自社のサイトにどのような情報があるのかが伝わり、サイトが認識されやすくなることが期待できます。

目に付きやすい構造化データの効果には、ウェブ検索結果の「リッチスニペット」があります。リッチスニペットとは以下の例のように、映画や飲食店などを検索したときに表示される、タイトルとメタデータ以外の情報を含む検索結果を指します。大手の映画サイトやグルメ情報サイトなどは、すでに構造化データに対応していることがわかります。

◆ リッチスニペットの例

●映画情報

ページに掲載しているレビューの評価が表示され、クリックする前に情報を得られる。

●レストラン情報

お店の評価に加えて［価格帯］の情報が表示されている。

Search Consoleの機能で構造化データを作成できる

　構造化データは直接的に掲載順位の向上に結び付くのものではありませんが、クローラーに対して情報を伝わりやすくする効果が期待できます。

　リッチスニペットに関してGoogleでは「表示する場合もある」としており、構造化データを記述すれば必ず表示されるわけではありません。しかし、検索結果で目立つため、クリック率の向上など集客への効果が期待できます。

　また、今後のウェブでは今以上に構造化データの活用が広がっていくと予想されます。例えば、ウェブ検索で「東京スカイツリー」「ラーメン」「聖徳太子」といったキーワードを検索すると、検索結果の右側にさまざまな情報が表示されます。これは「ナレッジグラフ」と呼ばれるもので、ウェブ上の構造化データが利用されています。

　ここからの新法則では、Search Consoleの機能で構造化データを扱い、Googleにデータの意味を伝えたり、リッチスニペットを表示できるようにしたりしていきます。

関連　新法則59　サイトに未知の構造化データがないか確認する……………………………P.138
　　　　新法則60　「パンくずリスト」を構造化してリッチスニペットにする…………………P.140

◆ ウェブ検索結果に表示されるナレッジグラフの例

「東京スカイツリー」で検索したときのナレッジグラフ。検索結果の右側に写真や説明文が表示され、Wikipediaの情報が掲載されていることがわかる。

新法則 59

構造化データの確認

サイトに未知の構造化データがないか確認する

構造化データに取り組む前に、現状のレポートを見ておきましょう。サイト担当者が把握していない構造化データがあった場合は、内容を確認します。

■ 既成のテンプレートが構造化データを作ることがある

　サイトにある構造化データを、Search Consoleの［構造化データ］画面で確認できます。サイトに構造化データがある場合、［データタイプ］と［ソース］にどのようなデータなのかが表示され、構造化データがあるページの数と構造化データの個数（アイテム数）、エラーがある場合はエラーの情報が表示されます。構造化データはブラウザーで普通に表示している状態では確認できないので、構造化データを作成しているサイトでは、この画面で全体的なチェックを行います。

　既成のCMSやテンプレートを利用しているサイトでは、意図せずにテンプレートが構造化データを作っている場合があります。念のため［構造化データ］画面を確認しておきましょう。知らずにカスタマイズしていて、エラーが発生している場合には修正が必要です。修正が難しい場合は、カスタマイズ前に戻すか、HTML文書から取り除くかしましょう。

関連　新法則58　構造化データの効果と「リッチスニペット」を理解する ……………………… P.136

構造化データの［データタイプ］［ソース］とは

［構造化データ］画面に表示される［データタイプ］とは、何のデータを構造化しているかを表すデータの種類です。パンくずリストは「Breadcrumb」、映画情報は「Movie」、レシピは「Recipe」など、種類を表す名前を持っています。一方、［ソース］は構造化データの記述方法を表します。構造化データには書式を定義した「ボキャブラリー」が複数あり、さらに、ボキャブラリーを実際に記述する方法である「フォーマット」（「シンタックス」とも呼ばれる）も複数あります。本書では「Schema.org」ボキャブラリーの「Microdata」フォーマットによる構造化データを紹介していきます。

◆ サイト内の構造化データを確認する

操作手順 検索のデザイン ▶ 構造化データ

構造化データの数とエラーの数が確認できる

構造化データの種類別の一覧が確認できる

エラーのある項目をクリック

エラーがあるURLとエラーの内容が表示された

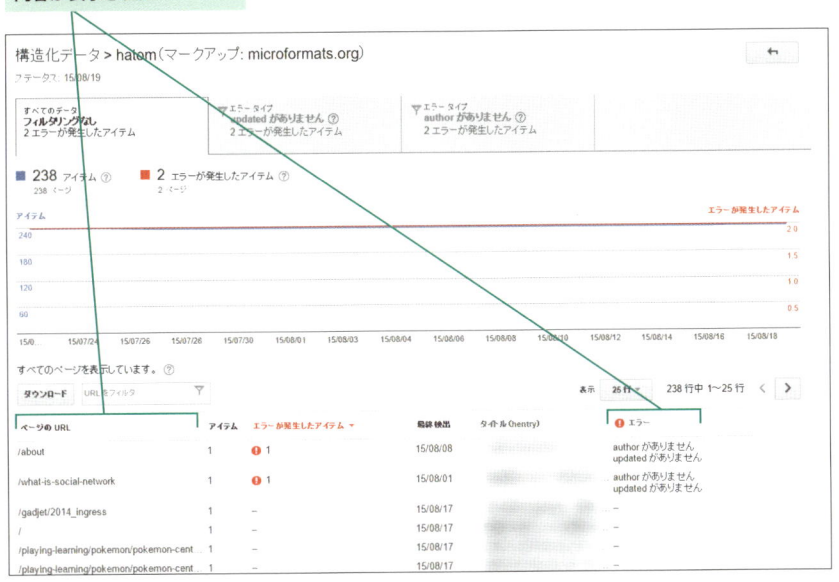

新法則 60

パンくずリストの構造化

「パンくずリスト」を構造化してスニペットを構造化する

サイトのパンくずリストを構造化データにしましょう。「構造化データテストツール」を利用して、サイトに組み込めるHTMLを作ります。

■ サイトの階層構造を検索結果に表示

　サイトの階層構造を示す「パンくずリスト」は、ユーザーにサイト内での現在位置をわかりやすくし、Googlebotに対してもクロールしやすい内部リンクを提供する役割を持ちます。このパンくずリストを構造化データにすると、検索結果にパンくずリストのリッチスニペットが表示される可能性が高まります。

　ウェブ検索では、検索結果のスニペットに、以下の例にある「カメラ・レンズ > デジタル一眼レフカメラ > キヤノン」のようなサイトの階層構造が表示されることがあります。これがパンくずリストのリッチスニペットです。

　リッチスニペットが表示されることでURLよりも目立ちやすくなり、サイトの階層構造がわかることから、どのようなサイトかがユーザーに伝わりやすくなります。新法則58では、サイト内のページに構造化データを記述してもリッチスニペットが必ず表示されるわけではないと解説しましたが、ウェブ検索の結果を見ると、パンくずリストは比較的表示されやすいようです。記述内容もシンプルなので、最初に取り組む構造化データとしても適しています。

◆ 検索結果にパンくずリストが表示された例

GANREF | EOS 5Ds | デジタル一眼レフカメラ
ganref.jp › カメラ・レンズ › デジタル一眼レフカメラ › キヤノン ▼
2015/02/06 - キヤノン株式会社は、2月6日、有効画素数約5,060万画素フルサイズセンサー搭載デジタル一眼レフカメラ「EOS 5Ds」「EOS 5Ds R」、APS-Cセンサー搭載の デジタル一眼レフカメラ「EOS 8000D」「EOS Kiss X8i」、APS-Cセンサー搭載の ...

通常はURLが表示される位置に、「ganref.jp＞カメラ・レンズ＞デジタル一眼レフカメラ＞キヤノン」というパンくずリストが表示されている。これが示す階層構造から、カメラの情報が豊富なサイトだとわかる。

「構造化データテストツール」のテンプレートを利用できる

　パンくずリストの構造化データは、「構造化データテストツール」で作ります。Search Consoleの［その他のリソース］から利用しましょう。ページが切り替わると「Structured Data Testing Tool」と英語で表示されますが、ほとんどの表記は日本語化されています。

　名前は「テストツール」ですが、［例］という一種のテンプレート機能を持ち、構造化データのテンプレートを利用できます。編集もツール内で行うことができるので、テンプレートを編集し、その場でテストしながら構造化データを記述できます。

　以下の手順では、パンくずリストの［例］を取り出し、既存のサイトに組み込むことを想定してHTMLを編集します。［例］のソースを表示して、構造化データのためにどのような記述がされているのかを確認してください。

関連		
	新法則58　構造化データの効果と「リッチスニペット」を理解する	P.136
	新法則61　作成した構造化データが正しく認識可能かテストする	P.144
	新法則62　リッチスニペット「商品」の構造化データを作成する	P.147

◆ パンくずリストを構造化する

操作手順　その他のリソース　＞　構造化データテストツール

1 ［パンくずリスト］の［例］を選択する

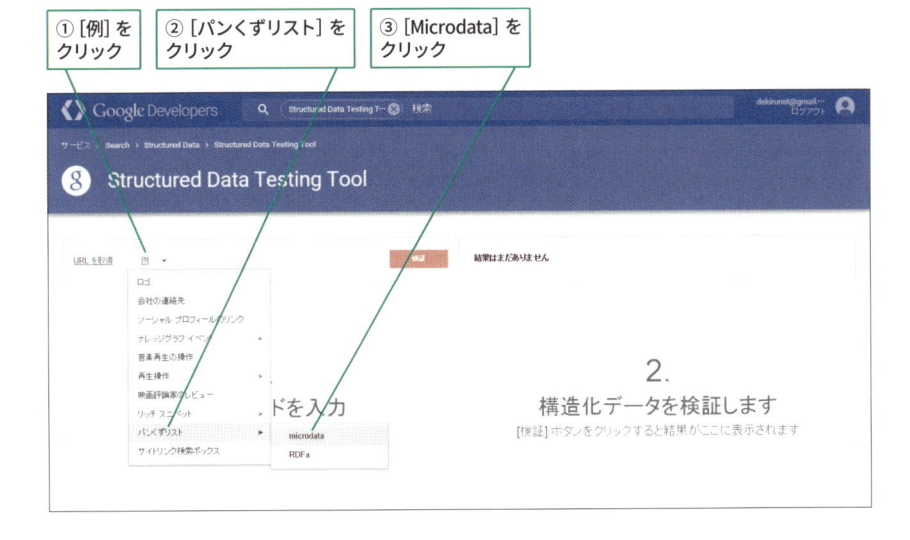

① ［例］をクリック
② ［パンくずリスト］をクリック
③ ［Microdata］をクリック

次のページに続く

❷ ソースを編集する

左のエリアに構造化されたパンくず
リストのソースが表示された

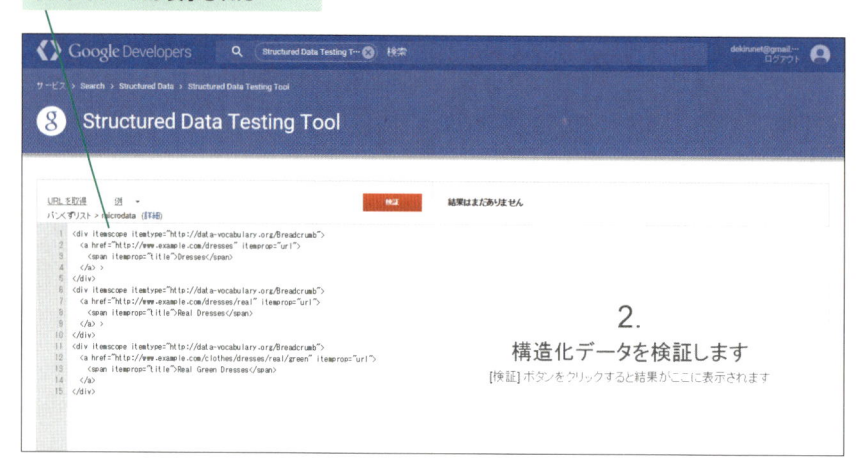

◆ ［例］で利用できるパンくずリストの構造化データ

```
<div itemscope itemtype="http://data-vocabulary.org/Breadcrumb">   ──❶
  <a href="http://www.example.com/dresses" itemprop="url">   ──❷
    <span itemprop="title">Dresses</span>   ──❸
  </a> >   ──❹
</div>
```

❶「div」要素の開始タグにある「itemscope itemtype="http://data-vocabulary.org/Breadcrumb"」属性は「これがdata-vocabulary.orgのボキャブラリーで記述されたパンくずリストである」ことを示す。❷「a」要素の開始タグにある「itemprop="url"」属性はURL、❸「span」要素の開始タグにある「itemprop="title"」属性はタイトルを示し、この3つのセットでパンくずリストの構造化データだと認識される。「div」と「span」はサイトのHTMLに合わせて別の要素に書き換えても問題ない。なお、最後のパンくず以外では❹「</a>>」と「a」要素の終了タグの右に「>」があり、これが「東京＞渋谷」のようなパンくずの間の記号になっている。

「Microdata」と「RDFa」の違いは？

パンくずリストの［例］では、［Microdata］と［PDFs］を選べます。どちらも構造化データのフォーマットの一種ですが、GoogleはMicrodataの方を推奨しています。また、Microdataの方がパンくずリストの構造化のための記述がシンプルです。特に理由がなければ、「Microdata」を選びましょう。

③ 編集したソースを確認する

①ソースを編集
②[検証]をクリック

右のエリアに構造化データのテスト結果が表示された

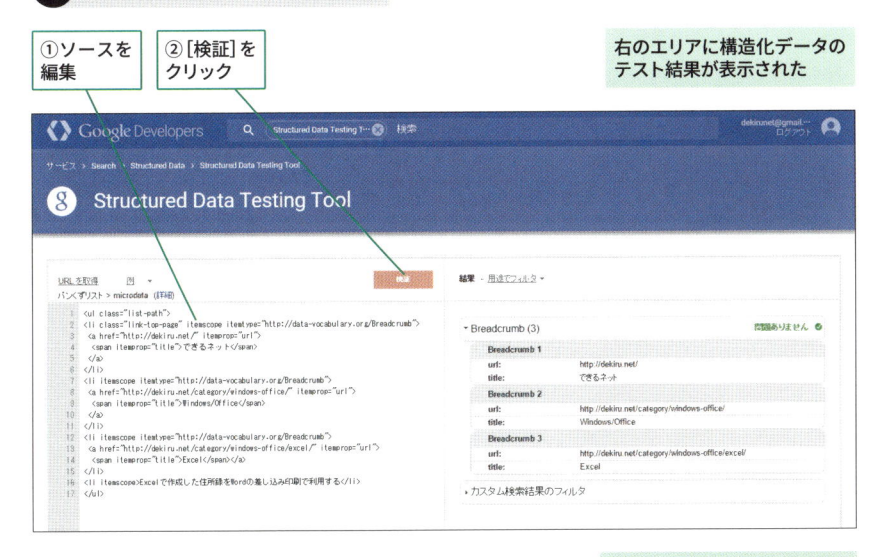

記述に問題がない場合は[問題ありません]と表示される

◆編集後のパンくずリストの例

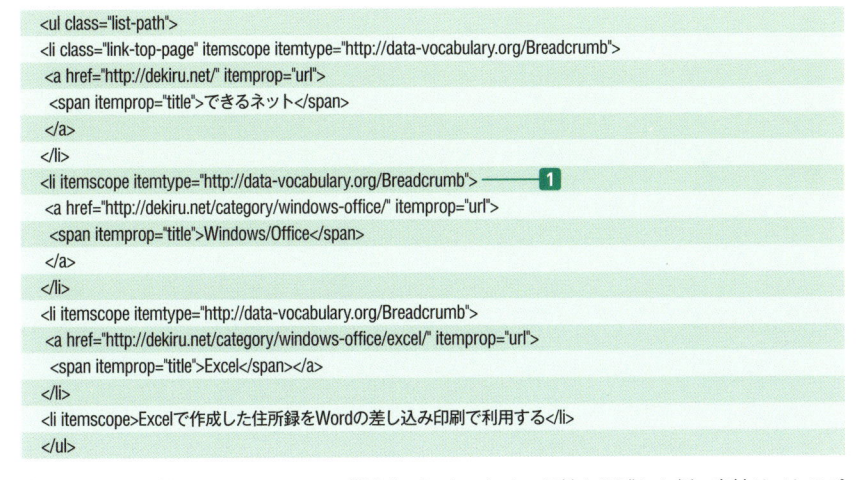

```
<ul class="list-path">
<li class="link-top-page" itemscope itemtype="http://data-vocabulary.org/Breadcrumb">
 <a href="http://dekiru.net/" itemprop="url">
  <span itemprop="title">できるネット</span>
 </a>
</li>
<li itemscope itemtype="http://data-vocabulary.org/Breadcrumb">　　1
 <a href="http://dekiru.net/category/windows-office/" itemprop="url">
  <span itemprop="title">Windows/Office</span>
 </a>
</li>
<li itemscope itemtype="http://data-vocabulary.org/Breadcrumb">
 <a href="http://dekiru.net/category/windows-office/excel/" itemprop="url">
  <span itemprop="title">Excel</span></a>
</li>
<li itemscope>Excelで作成した住所録をWordの差し込み印刷で利用する</li>
</ul>
```

実際のサイトで利用していたHTMLに、構造化データのための属性を記述した例。自社サイトのパンくずリスト部分の構造に合わせて、1「li」要素に「itemscope itemtype="http://data-vocabulary.org/Breadcrumb"」属性を記述している。

新法則 61

構造化データテストツール

作成した構造化データが正しく認識可能かテストする

構造化データテストツールでは、公開されているページのテストもできます。作成したページを確認し、問題があれば修正しましょう。

URLを入力するだけで構造化データを分析・テストできる

新法則60で作成したパンくずリストの構造化データを実際にHTMLファイル化したら、Googlebotが認識できる正しい構造化データになっているか確かめるためにテストをしましょう。構造化データテストツールでは、URLを入力したページの構造化データを読み込んでテストすることもできます。

新法則59で解説した［構造化データ］画面で見られるのはGooglebotがクロールした結果のレポートとなり、表示されるまでに時間がかかります。しかし、構造化データテストツールならば、公開直後のURLでもテスト可能です。新しく構造化データを記述するときや、［構造化データ］画面でエラーが発生したページを修正するときは、構造化データテストツールでテストしながら作業しましょう。

以下の手順では、実際に公開したページでテストします。構造化データの記述をCMSのテンプレートに組み込んで利用しているときなども、記述ミスの確認に利用できます。

関連
- 新法則59 サイトに未知の構造化データがないか確認する ……………… P.138
- 新法則60 「パンくずリスト」を構造化してリッチスニペットにする ……………… P.140
- 新法則62 リッチスニペット「商品」の構造化データを作成する ……………… P.147

◆ 実際に作成したパンくずリストの例

新法則60で作成した構造化データのHTMLを実際のページに組み込んだもの。ブラウザーで見るだけでは構造化されているかどうかわからないため、構造化データテストツールで確かめる。

◆ ページの構造化データをテストする

操作手順 その他のリソース ▶ 構造化データテストツール

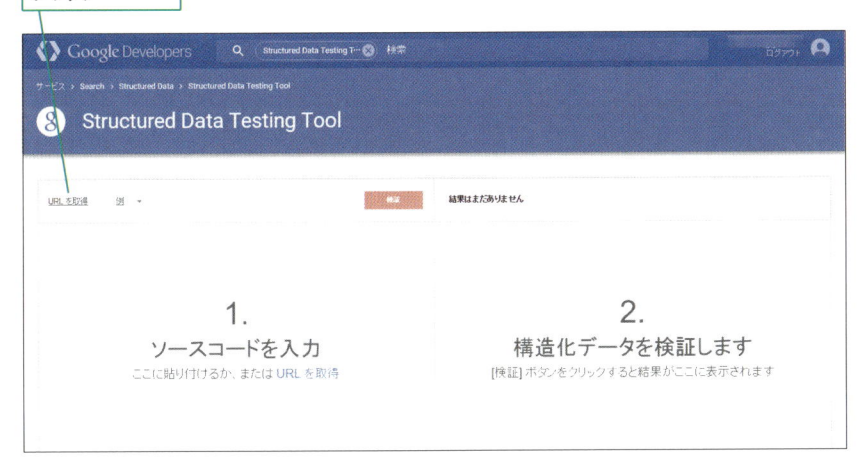

①[URLを取得]を
クリック

②URLを入力

③[取得して検証]を
クリック

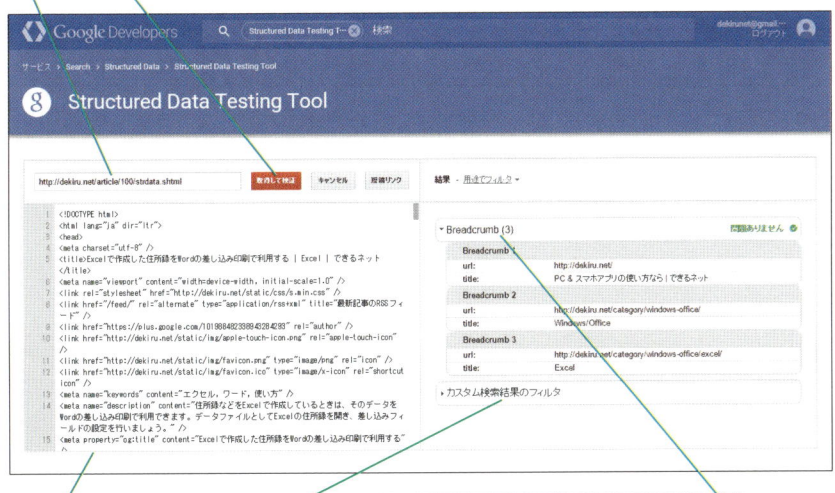

左のエリアにページの
ソースが表示された

右のエリアにテスト
結果が表示された

パンくずリストの構造化データは
[Breadcrumb]という名前で表示される

第3章 ページやサイトの構造を整える新法則

次のページに続く

エラーが表示された場合は

構造化データテストツールでエラーが表示されたときは、右のエリアで、エラーが表示された項目をクリックします。すると左のエリアにソースの該当部分が表示されるので、エラーの原因を確認します。よくあるミスは、必要なフィールド（記述するべき属性）の記述忘れや、属性の「"」の記述ミスです。なお、構造化データテストツールが、そもそも構造化データとして認識できないような根本的なミスがあった場合は、エラー自体が表示されません。構造化した箇所が、きちんと構造化データとして認識されているかどうかも確認しましょう。

エラーが表示された場合はエラーの項目をクリックして、左のエリアでソースを修正する。修正してエラーが表示されないことが確認できたら、実際のHTMLも修正する。

記述ミスで構造化データがそもそも認識されなかったときは、エラーも表示されない。構造化したと想定しているデータが認識されているかも確認しておく。

新法則 62

商品情報の構造化

リッチスニペット「商品」の構造化データを作成する

構造化データテストツールを利用して「商品」のリッチスニペットに対応します。ソースがやや複雑になりますが、必要な項目だけを記述すれば大丈夫です。

■ 価格やレビューの点数などを構造化できる

　構造化データテストツールで利用できる［例］の中に、［リッチスニペット］という項目があります。ここでは、リッチスニペット用の［例］の中から［商品］を使って、商品を紹介する構造化データを編集します。

　［商品］の［例］は、パンくずリストの［例］よりもかなり複雑ですが、必要でない項目は削除してしまっても構いません。以下の手順では、商品名、レビュー、価格の情報を構造化データとして記述し、［商品］と［レビュー］のリッチスニペットとして認識される形にしています。作成したソースはページに組み込んで、商品情報をGoogleに知らせましょう。

◆ ［商品］の構造化データを編集する

1 ［商品］の［例］を選択する

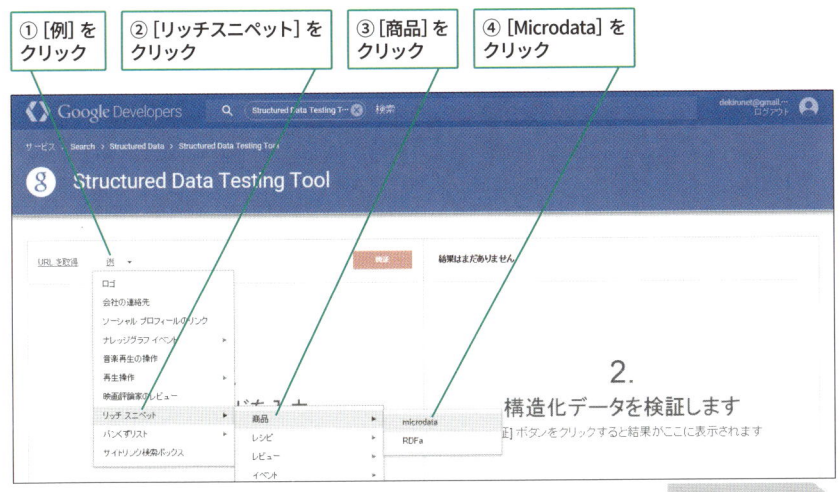

① ［例］をクリック
② ［リッチスニペット］をクリック
③ ［商品］をクリック
④ ［Microdata］をクリック

次のページに続く

第3章　ページやサイトの構造を整える新法則

❷ ソースを編集し、検証する

新法則60を参考に表示された［例］の
ソースを編集し、検証する

［用途でフィルタ］を
クリック

［商品のリッチスニペット］と［レビューのリッチ
スニペット］に［問題ありません］が表示された

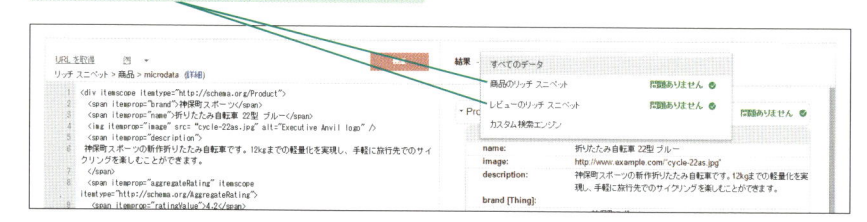

◆「商品」の構造化データの例

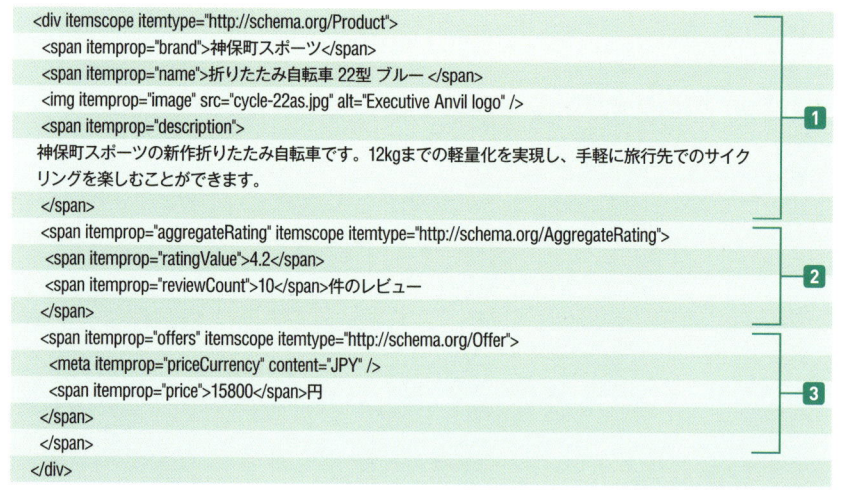

```html
<div itemscope itemtype="http://schema.org/Product">
  <span itemprop="brand">神保町スポーツ</span>
  <span itemprop="name">折りたたみ自転車 22型 ブルー </span>
  <img itemprop="image" src="cycle-22as.jpg" alt="Executive Anvil logo" />
  <span itemprop="description">
  神保町スポーツの新作折りたたみ自転車です。12kgまでの軽量化を実現し、手軽に旅行先でのサイク
  リングを楽しむことができます。
  </span>
  <span itemprop="aggregateRating" itemscope itemtype="http://schema.org/AggregateRating">
    <span itemprop="ratingValue">4.2</span>
    <span itemprop="reviewCount">10</span>件のレビュー
  </span>
  <span itemprop="offers" itemscope itemtype="http://schema.org/Offer">
    <meta itemprop="priceCurrency" content="JPY" />
    <span itemprop="price">15800</span>円
  </span>
</span>
</div>
```

❶
❷
❸

［商品］の［例］から、3つのパートを利用している。❶「 itemscope itemtype="http://schema.org/Product"」の部分は、商品名や商品の説明文などがある商品紹介パート。❷「itemprop="aggregateRating" itemscope itemtype="http://schema.org/AggregateRating"」の部分は、レビューの点数（1～5点）とレビューの数を記述するレビューのパート。❸「 itemprop="offers" itemscope itemtype="http://schema.org/Offer"」の部分は、価格と通貨（「content="JPY"」で日本円を表す）を記述するパートとなっている。

新法則63

構造化データへの取り組み方

構造化データを取り入れるための長期的な視点を持つ

構造化データを本格的に利用するには、自社が持つデータを構造化データとして活用していくための仕組みが必要です。焦らずに、足元から固めていきましょう。

■ 自社のデータベースをSEOに生かす

　新法則60で解説したパンくずリストのように、サイトの構造そのものを構造化データにする場合を除けば、構造化データをより有効に利用するには、自社が持つ商品や店舗情報などのデータベースをフルに活用して、構造化データとして公開することが必要です。

　すると、かなり大がかりな取り組みが求められます。新法則62では「商品」の構造化データを解説しましたが、「商品」や「レストラン」のように項目数の多いデータタイプでは、構造化データに求められる形式と合わせるために、社内のデータベースやページの構造を見直す必要も生じます。結果的に、予想外にコストがかかる場合もあるでしょう。

　一方で、現在は構造化データの記述を加えたからといって、短期間で大きく集客できるわけではありません。結果的に、優先度は低くなってしまいがちです。

　しかし、検索エンジンによる構造化データの利用は今後も進んでいくと予想され、将来を見越して対応していく価値はあると考えられます。

　現実的な取り組み方としては、むやみに急がず、リニューアルなどサイト全体に影響する改修を行うタイミングで、社内のデータベースを構造化データで求められる形式に対応させていったり、ページの中に構造化データの記述を加えたりするようにしていきましょう。構造化データのためだけに動くのではなく、サイトを大きく改修する必要があるときに、構造化データに対応することも意識していくわけです。

　今から急に構造化データへの対応を始め、合わないデータを必死に変換したりするよりも、その方がスムーズに構造化データに対応でき、サイトの将来性を高めることにもつながります。

関連		
新法則58	構造化データの効果と「リッチスニペット」を理解する	P.136
新法則60	「パンくずリスト」を構造化してリッチスニペットにする	P.140
新法則62	リッチスニペット「商品」の構造化データを作成する	P.147

新法則 64

データハイライター

サイトの記事を簡単に構造化してGoogleに知らせる

HTMLの編集を行わずに、Googleにデータの意味を伝わりやすくする方法があります。[データハイライター]でサイトの「記事」をまとめて構造化しましょう。

■ Search Console内の操作だけで完結できる

　Search Consoleの機能の1つ[データハイライター]は、構造化データを実際に記述する代わりに、ページ上で指定してGoogleに知らせることができるサービスです。次のページのように、はじめにURLを入力し、構造化したい[データタイプ]を指定することで、そのページを表示しながら、ページ上のパーツを選んで意味を指定していきます。これを「アイテムをタグ付けする」と呼んでいます。

　タグ付けを完了すると、ページのHTMLソースそのものは構造化されませんが、Googleにページの文書の構造が保存され、Googleに対して構造化データと同様の効果が得られるようになります。HTMLソースを直接編集する権限や環境がない場合でも、簡単にGoogleに構造化データを知らせることができるのです。

　簡単とはいえ、サイトのページを1ページずつタグ付けしていく作業は気が遠くなりそうですが、データハイライターには、類似した構造を持つページをまとめて「ページセット」としてタグ付けする機能があります。

　これによって、ブログや自社メディアの記事が何百本、何千本あっても、1回の操作ですべてのページの構造をGoogleに知らせることができ、同じ構造の記事が新しく公開されたときには、それも構造化データとして認識します。次のページでは、データタイプ[記事]で、数千ページのデータをまとめて構造化していきます。

　なお、データハイライターを利用するときは1つ注意点があります。すでに構造化データが記述されているページ（データタイプ問わず）では、データハイライターを利用してもGoogleに構造化データとして認識されません。新法則59を参考に、サイト内にある構造化データを確認しておきましょう。

関連		
新法則58	構造化データの効果と「リッチスニペット」を理解する	P.136
新法則59	サイトに未知の構造化データがないか確認する	P.138
新法則62	リッチスニペット「商品」の構造化データを作成する	P.147

◆ ページセットのタグ付けをする

操作手順　検索のデザイン ▶ データハイライター

❶ ハイライト表示を開始する

①[ハイライト表示を開始]をタップ

[記事]のページを構造化する　　②URLを入力

③[ハイライト指定する情報のタイプ]をクリックして[記事]を選択

④[このページをタグ付けし、他のページも同様にタグ付けする]をクリック

⑤[OK]をクリック

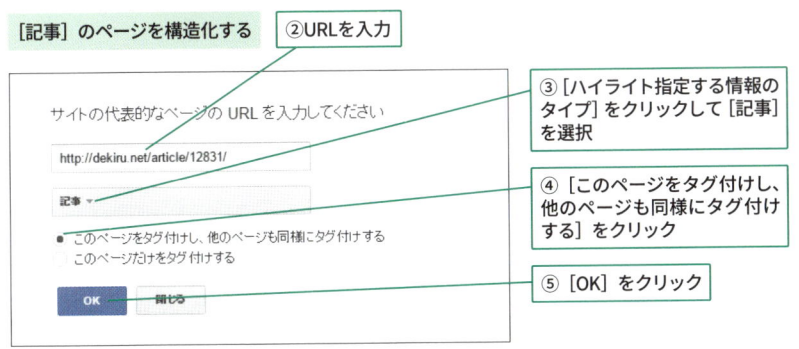

❷ アイテムをタグ付けする

①タグ付けする部分を選択

②指定するアイテムをクリック

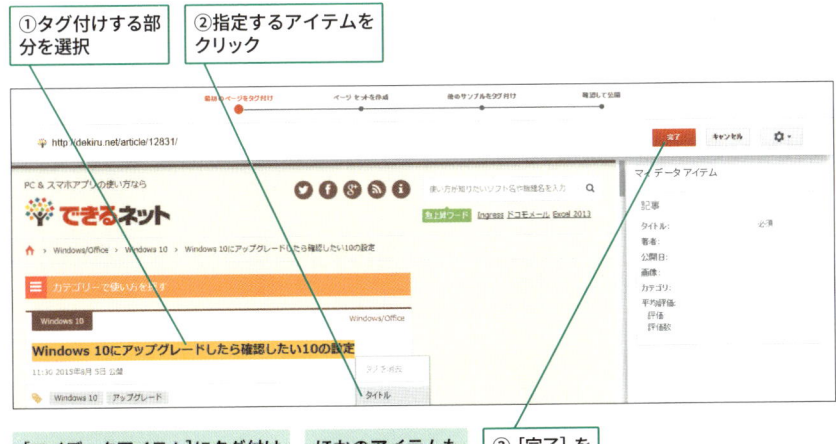

[マイデータアイテム]にタグ付けした内容が表示された

ほかのアイテムもタグ付けする

③[完了]をクリック

次のページに続く

第3章　ページやサイトの構造を整える新法則

❸ ページセットを作成する

類似した構造を持つページが抽出された

抽出されたページからページセットを作成する

ページ セットの作成
データを抽出する類似のページを選択

○ 6,100 ページ以上
http://dekiru.net/article/*/

○ カスタム
自分のページ セットを作成

名前 [記事]

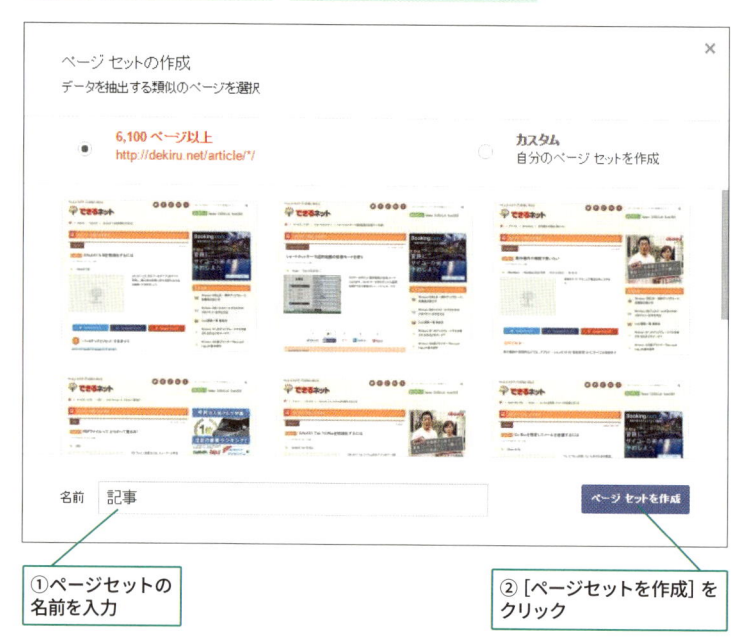

①ページセットの名前を入力

②[ページセットを作成]をクリック

❹ ページセットのほかのサンプルを確認する

ページセットのサンプルが表示された

タグ付けの内容を確認し、問題があれば修正する

①[次へ]をクリック

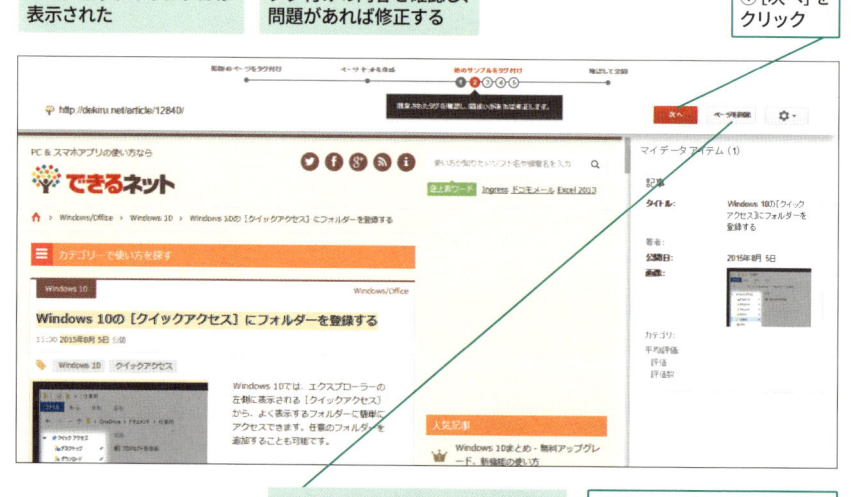

まったく構造が違うページの場合は[ページを削除]をクリックする

②すべてのサンプルを同様に確認し、[完了]をクリック

第3章 ページやサイトの構造を整える新法則

❺ 最終確認を行ってタグ付けを完了する

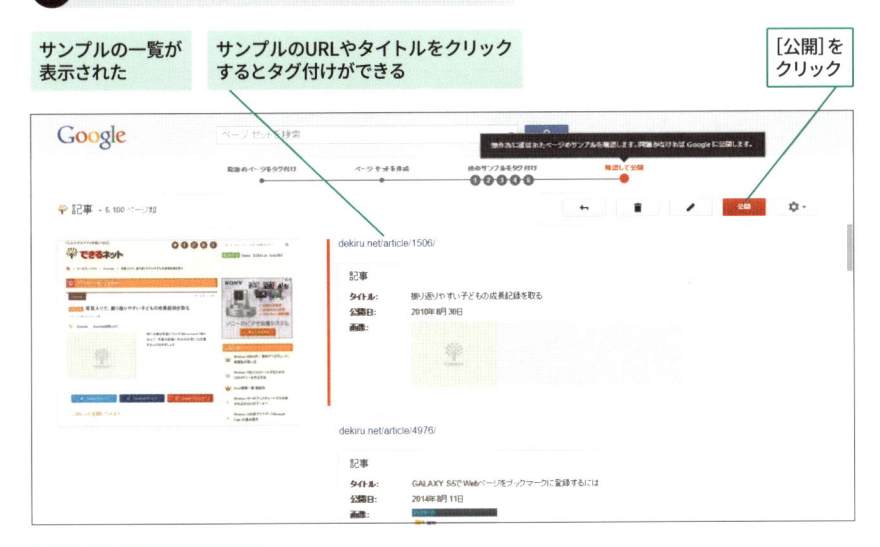

> サンプルの一覧が表示された

> サンプルのURLやタイトルをクリックするとタグ付けができる

> [公開]をクリック

> ページセットのタグ付けが完了する

データハイライターによる構造化が不要になったときは

ページをリニューアルして構造が変わったり、HTMLソースに構造化データを組み込んだりしたときは、データハイライターによる構造化が不要になります。[データハイライター]に表示される一覧から選択して削除しましょう。

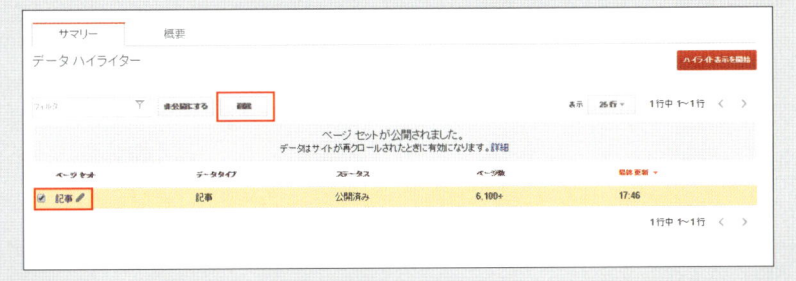

削除したいページセットにチェックマークを付け、[削除]をクリックすると、ページセットの構造化データが削除される。

第3章 ページやサイトの構造を整える新法則

新法則 65

サイトへのリンク（外部リンク）

外部リンクの集まり方を見てサイトの現状を把握する

ほかのサイトからのリンクの情報を確認しましょう。リンク元とアンカーテキストから、自社サイトがどのように紹介されているのかが大まかにわかります。

■ 強みを伸ばし、弱点を補う次の一手を企画する

　サイト外から張られた「外部リンク」は、ページへの支持・投票としてGoogleからの評価に影響します。どのようなリンクが張られているのか、［サイトへのリンク］画面で確認しましょう。

　［サイトへのリンク］画面で確認できる情報は3種類あります。［リンク数の最も多いリンク元］は、自社サイトへのリンクが多い外部サイトのURL（ドメイン）の情報で、URLをクリックすることでリンク元のページの一覧を確認できます。

　［最も多くリンクされているコンテンツ］は、自社サイト内で外部リンクが多いページの情報で、ページのURLをクリックすることでリンク元を確認できます。［データのリンク設定］は、張られている外部リンクの主なアンカーテキストです。どのようなキーワードと関連するサイトとしてリンクが張られているかを確認できます。

　トップページや主要商品、サービスのページへのリンクが多く、アンカーテキストに企業名やブランド名、商品名などが多く使われていれば、サイトはおおむね理想的な形でリンクされていると言えます。自社メディアやブログのヒット記事があれば、SNSから集めた外部リンクを確認できるでしょう。

　なお、［リンク数の最も多いリンク元］と［最も多くリンクされているコンテンツ］の一覧には1,000件まで、［データのリンク設定］の一覧には200件までという表示数の上限があります。規模の大きなサイトで上限が気になる場合は、新法則26を参考にディレクトリごとにSearch Consoleに登録しましょう。

関連　新法則66　特徴的な外部リンクはスパムの可能性を疑う……………………………P.156
　　　新法則67　重要なページが内部リンクを集められるサイト構造にする………………P.158

◆ 外部リンクを確認する

操作手順　検索トラフィック ▶ サイトへのリンク

外部リンク元のドメインやアンカーテキストを確認できる

[リンク数の最も多いリンク元]の[詳細]をクリック

サイトへのリンク

総リンク数
444,510

リンク数の最も多いリンク元

hatena.ne.jp	216,622
ganref.jp	102,803
202.218.0.13	46,606
impress.co.jp	38,756
dosv.jp	4,231

詳細 »

最も多くリンクされているコンテンツ

http://dekiru.net/	187,360
/article/4429/	184,759
/article/11752/	11,112
/dekiru/	1,942
/article/1152/	1,687

詳細 »

データのリンク設定

excel 関数 機能別一覧 随時更新 excel 関数 できるネット
できるネット
できるネット +
iphone 6 iphone 6 plus 基本 & 便利技
今からでも間に合う ingress イングレス の大イベント ダルサナ東京 12 月 13 日の参加方法 ingress イングレス できるネット

詳細 »

[すべてのドメイン]画面が表示された

リンク数の多い上位1,000件までのドメインが表示された

サマリー » すべてのドメイン
自サイト内のページにリンクしているドメイン上位 1,000 件

このテーブルをダウンロード　その他のサンプル リンクをダウンロードする　最新のリンクをダウンロードする　　　表示 25 列　1 - 25/1,000 件 ‹ ›

ドメイン	リンク ▲	リンクされているページの数
ganref.jp	104,790	13
202.218.0.13	48,302	43
impress.co.jp	38,417	2,762
hatena.ne.jp	31,779	1,106
dosv.jp	4,200	1
seesaa.net	4,112	92
ceron.jp	2,677	205
yahoo.co.jp	2,245	397
goo.ne.jp	1,354	263
icq.com	1,312	741
ameblo.jp	1,103	264
okiringi.or.jp	1,010	1
ingsnet.co.jp	923	1

新法則 66

外部リンクのチェック

特徴的な外部リンクはスパムの可能性を疑う

［サイトへのリンク］で、スパムと判断されかねない外部リンクをチェックしましょう。特徴的な外部リンクを見つけたら、リンク元の内容を確認します。

■ 少数のページに大量のリンクを張っているドメインを探す

　過去に、外部リンクを購入して検索結果の順位を上げようとするSEOの手法がありました。外部リンクはサイトへの評価を高めますが、サイトの紹介や支持ではない掲載順位の向上だけを目的としたリンクは、現在ではスパムだと判定され、厳しく取り締まられます。

　外部リンクの中には、過去のサイト担当者が購入していたリンクなど、自分や現在の担当者が把握していないところで購入されたリンクがあるかもしれません。［サイトへのリンク］画面からスパムの特徴を持つ外部リンクがないかチェックしましょう。具体的には［リンク数の最も多いリンク元］の一覧で、［リンク］の数が多いわりに［リンクされているページの数］が少なく、かつ見覚えのないドメインをチェックします。

　どの程度の数値だと問題がある、と単純には言えません。しかし、リンクを販売するサイトの特徴として、同じURLにリンクしたページのテンプレートを用意して大量にページを作るため、［リンク］の数は多いのに［リンクされているページの数］は少なくなる傾向があります。気になるドメインがあったら、そのサイトの内容を確認しましょう。

　きちんとした内容のサイトであれば問題はないと考えられますが、新法則86で解説するGoogleの「品質に関するガイドライン」に違反している可能性があるサイトの場合はスパムと判断され、自社サイトもスパムのリンクを受けたサイトとしてペナルティの対象となるおそれがあります。

　スパムの可能性がある外部リンクを発見したときは「リンクの否認」を行います。新法則91を参照してください。

関連		
新法則66	特徴的な外部リンクはスパムの可能性を疑う	P.156
新法則86	Googleのガイドラインを知り意図しないスパム行為を避ける	P.200
新法則87	原因解明と再発防止で重大なペナルティに対処する	P.204
新法則91	SEOに悪影響がある外部リンクをリスト化する	P.210

◆ スパムの可能性がある外部リンク元ドメインを確認する

操作手順 　検索トラフィック ▶ サイトへのリンク

新法則64を参考に[すべてのドメイン]画面を表示しておく

① [リンク]の数が多く[リンクされているページの数]が少ないドメインをクリック

サマリー » すべてのドメイン
自サイト内のページにリンクしているドメイン上位 1,000 件

ドメイン	リンク	リンクされているページの数
ganref.jp	104,790	13
202.218.0.13	48,302	43
impress.co.jp	38,417	2,762
hatena.ne.jp	31,779	1,106
dos v.jp	4,200	1
seesaa.net	4,112	92
ceron.jp	2,677	205
yahoo.co.jp	2,245	397
goo.ne.jp	1,354	263
icg.com	1,312	741

当該ドメインの外部サイトからリンクされている自社サイトのURLが一覧表示された

② [自サイトのページ]のURLをクリック

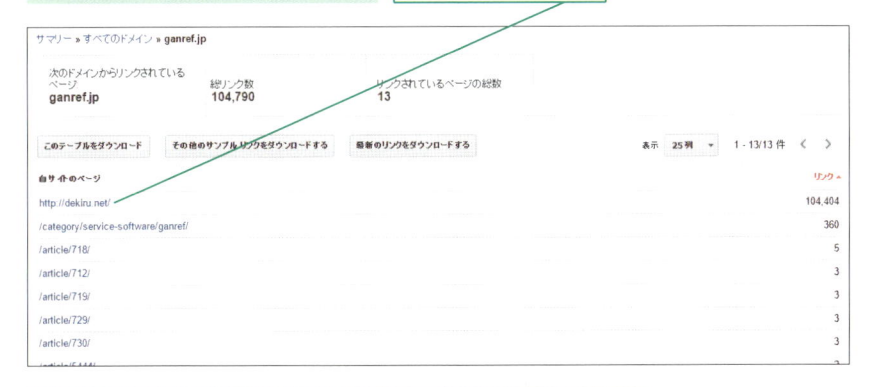

サマリー » すべてのドメイン » ganref.jp

次のドメインからリンクされているページ: **ganref.jp**　総リンク数 **104,790**　リンクされているページの総数 **13**

自サイトのページ	リンク
http://dekiru.net/	104,404
/category/service-software/ganref/	360
/article/718/	5
/article/712/	3
/article/719/	3
/article/729/	3
/article/730/	3

リンク元となっている外部サイトのURLが表示された

URLをクリックすると外部サイトのページを確認できる

サマリー » すべてのドメイン » ganref.jp » ganref.jp から http://dekiru.net/ へのリンク

次のページへのリンク上位 231 件
dekiru.net/ 　リンク元ドメイン **ganref.jp** 　総リンク数 **104,404**

リンク
http://ganref.jp/common/monitor/epson/px-7v/review.html
http://ganref.jp/common/special/cpplus2011/canon/
http://ganref.jp/common/special/cpplus2011/manfrotto/
http://ganref.jp/common/special/epson1002/
　次の中間リンクを使用: http://dekiru.impress.co.jp/
http://ganref.jp/common/special/epson1002/contest_winners.html
　次の中間リンクを使用: http://dekiru.impress.co.jp/
http://ganref.jp/common/special/epson1002/contest_winners2.html
　次の中間リンクを使用: http://dekiru.impress.co.jp/

第3章 ページやサイトの構造を整える新法則

新法則 67

内部リンク

重要なページが内部リンクを集められるサイト構造にする

サイトの内部リンクの状況を確認し、問題がないか探しましょう。理想的なサイト構造では、重要なページほど内部リンクが多くなります。

■ 関連リンクなどを配置してサイト内を動きやすくする

　［内部リンク］画面では、サイトの内部リンクの状況を確認できます。内部リンクを多く集めている順にページのURLが一覧表示され、URLをクリックすると、そのページへのリンク元を確認できます

　この画面で確認するのは、サイトの構造が適切に反映され、内部リンクが集まるべきページに集まっているかどうかです。一般的なメニュー構造のサイトでは、サイトの階層構造をたどれるパンくずリストや、上位のページに戻るリンクなどがあることで、トップページがもっとも多くの内部リンクを集め、その下には主要なカテゴリーのインデックスページや、サイトの重要なテーマを扱うページなどが並ぶはずです。

　もしも下層のページから上位のページに簡単に戻れるリンクが作られていない場合、必ずしも上位のページが内部リンクを集めていないことになります。そのようなページはユーザーにとって使いにくいだけでなく、Googleがサイトの構造を適切に把握できなくなります。上位のページやトップページに戻りやすいようにしましょう。

　内部リンクを多く集めているはずのページが上位に表示されない場合は、誤ってクロールをブロックするなどしてインデックスされていない可能性が考えられます。新法則18で解説した［robots.txtテスター］や、新法則21で解説した［クロールエラー］の詳細画面で、問題がないか確認しましょう。

URLを入力して内部リンクを調べられる

　［内部リンク］画面にも、新法則64で解説した［サイトへのリンク］画面と同様に、表示される情報には1,000件の上限があります。規模の大きなサイトでは上位1,000ページ分までしか内部リンクを確認できないのは不便ですが、［検索する内部リンクの参照先］にURLを入力して検索することで、そのページの内部リンクを直接確認できます。多くのページを一覧で見たい場合には、新法則26を参考に、ディレクトリごとに登録しましょう。

◆内部リンクが多いページを確認する

操作手順　検索トラフィック　▶　内部リンク

内部リンクが多いページの一覧が表示された

URLをクリック

内部リンク

検索する内部リンクの参照先 http://dekiru.net/　　検索

このテーブルをダウンロード　　　　　　　　　　　　　表示 25列　1 - 25/1,000 件

ターゲット ページ	リンク ▲
/category/windows-office/excel-kansu/	16,237
http://dekiru.net/	16,097
/article/5300/	16,087
/category/windows-office/windows-10/	15,210
/category/device/dynabook/	15,157
/category/apple/iphone/	8,669
/category/reading/information/	8,274
/category/device/vaio/	8,212
/category/android/galaxy/	8,195
/category/service-software/dropbox/	8,193
/category/android/lg/	8,192
/category/windows-office/windows-7/	8,192

[総リンク数]に選択したページへの内部リンクの総数が表示された

リンク元のページの一覧が表示された

« 戻る

次のページへのリンク上位 226 件
/category/windows-office/excel-kansu/
総リンク数
16,237

検索する内部リンクの参照先 http://dekiru.net/ category/windows-office/excel-kansu/　検索

このテーブルをダウンロード　　　　　　　　　　　　　表示 25列　1 - 25/226 件

リンク

dekiru.net/
/article/1008/
/article/1011/
/article/1027/
/article/1105/
/article/1148/
/article/1169/
/article/1176/
/article/11793/

関連　新法則62　リッチスニペット「商品」の構造化データを作成する　………… P.147

新法則 68

サイトリンク

検索結果に「サイトリンク」が表示されることを狙う

自社名やブランド名での検索結果に「サイトリンク」と呼ばれるメニューが表示されることがあります。訪問増が期待できるので、仕組みを理解しておきましょう。

■ 表示されるかどうかはGoogle次第

　[サイトリンク] とは、ウェブ検索結果で通常の検索結果の下に表示される場合がある、サイト内のリンクのことです。例えば「アユダンテ」と検索したときには、次のページのように「アユダンテ株式会社」のトップページが最初に表示され、その下に「会社概要と地図」「製品とサービス」などの6つのサイトリンクが表示されます。

　サイトリンクが表示されると検索結果ページの中で目立つようになり、訪問の増加が期待できます。しかし、2015年8月現在では、サイトリンクは「ユーザーの役に立つとGoogleが判断した場合のみ、検索結果に表示されます」とされており、サイト担当者から表示をリクエストすることはできません。

　サイトリンクが表示されるかどうかは、ユーザーが検索したキーワードとの関係によるとされます。一般的には、企業名やブランド名などで検索したときに、関連性の高いキーワードで公式サイトのサイトリンクが表示されるようです。

　また、サイトリンクはGoogleがサイトの構造を分析して作成しており、サイトによっては適切なサイトリンクを見つけられない場合もあるとされるため、構造がわかりやすいサイトにすることが重要になります。特に、内部リンクのアンカーテキストを、各ページの内容を簡潔に伝えた内容にしましょう。

　サイトリンクに表示される項目はGoogleが自動的に選択しますが、項目が適切でないと考えられるときには、Search Consoleから優先順位を下げる申請が可能です。詳しくは新法則69を参照してください。

> 関連　**新法則69** 適切でないサイトリンクは削除申請して入れ替えを促す ……………………P.162

第3章　ページやサイトの構造を整える新法則

◆ サイトリンクの例

「アユダンテ」でウェブ検索すると、検索結果の最初に公式サイトのトップページが表示され、その下に6件のサイトリンクが表示される。

「アユダンテ SEO」では、公式サイト内の個別ページが複数表示され、サイトリンクは表示されない。

サイト内検索ボックスが表示される場合もある

検索結果に、サイトリンクに加えてサイト内検索ボックスが表示される場合もあります。こちらも、サイト担当者が表示・非表示を指定することはできず、Googleが独自の判断で表示しています。Googleでは、会社名で検索された場合など、ユーザーがその名前のサイト内の特定の情報を探していると考えられる場合に、サイト内検索ボックスを表示するとしています。

「できるネット」で検索すると、サイトリンクの上にサイト内検索ボックスが表示される。

第3章 ページやサイトの構造を整える新法則

新法則 69

サイトリンクのコントロール

適切でないサイトリンクは削除申請して入れ替えを促す

サイトリンクは、サイト担当者が内容を指定できません。しかし、表示したくない項目の優先順位を下げる申請は可能です。

■ 別の有用なサイトリンクに入れ替わることがある

　検索結果に表示されるサイトリンクは、Googleがサイトの構造を判断して、検索するユーザーの役に立つと思われる項目（ページ）を自動的に表示します。

　そのため、サイト担当者はサイトリンクの内容を指定できませんが、サイトリンクの中で表示したくない項目の優先順位を下げる申請ができます。コンテンツが古いページや、それほど重要でないページが表示されている場合には、そのようなページの順位を下げることで、代わってほかの重要なページがサイトリンクに表示される可能性があります。

　申請は、次のページの手順で行います。［検索結果のURL］は、検索結果として（サイトリンクの上に）表示されているページのURLを入力しますが、トップページの場合は何も入力する必要はありません。［このサイトリンクURLの順位を下げる］には、順位を下げたいサイトリンクのURLを入力します。

　この申請は必ず反映されるとは限らず、反映されるタイミングもGoogle次第とされていて、確実ではありません。しかし、よりユーザーにとって重要なページが表示されたサイトリンクになるよう、適切に申請しておきましょう。

> 関連　新法則68　検索結果に「サイトリンク」が表示されることを狙う……………………P.160

順位を下げるときは正確なURLを入力する

次のページの手順2では、URLを正確に入力する必要があります。検索結果のページ上に表示されるURLは省略されていることがあるため、リンクを実際にクリックし、対象のページが表示されたときのアドレスバーのURLをコピーして入力しましょう。

◆ サイトリンクの順位を下げる申請をする

1 サイトリンクを確認する

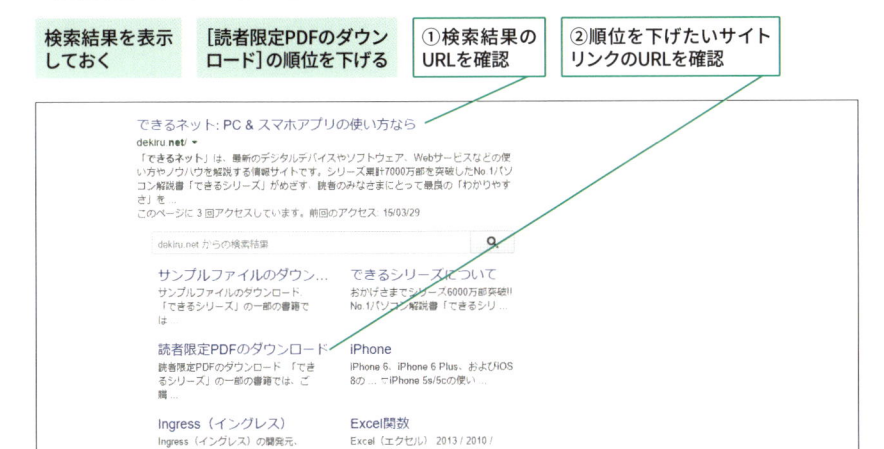

検索結果を表示しておく

[読者限定PDFのダウンロード]の順位を下げる

①検索結果のURLを確認

②順位を下げたいサイトリンクのURLを確認

2 順位を下げる申請をする

操作手順 検索のデザイン ▶ サイトリンク

①検索結果のURLを入力

トップページの場合は空欄にする

②順位を下げたいサイトリンクのURLを入力

③[順位を下げる]をクリック

申請が受け付けられ、[順位を下げたサイトリンク]が表示された

[順位下げ設定を削除]をクリックすると申請を削除できる

■ユーザーの目的に沿ったデータベースをサイトや広告に生かす

　商品やサービスの人気のスペック（特徴や仕様など）は、ユーザーの検索キーワードに現れます。例えば、賃貸物件の情報では「ペット可」や「デザイナーズ」など、ファッション関連のサイトであれば「レザー」や「ナイロン」といったキーワードです。

　SEO施策として、こうしたキーワードに対応するために商品やサービスをスペックでまとめたコンテンツを作ることがあります。どのように作るかはサイトの規模や構成によって異なり、スペックごとにカテゴリーを作ることもあれば、商品を絞り込む条件として1つのページを生成したり、読み物コンテンツとしてまとめたりする場合もあります。そのようなページをユーザーの操作に合わせて動的に生成する場合に重要になるのが、企業が持つ商品やサービスのデータベースの中に、ページを生成するためのデータが格納されているかどうかです。

　よほど小規模なサイトを除き、現代のサイトがすべて静的ページで構成されることはあり得ません。データベースから何らかの形でデータを取り出し、ページを生成します。このとき、賃貸物件情報のデータベースに「ペット可／不可」のデータがなかったら、「ペット可物件のページ」を作ることはできません。ユーザーの目的に対応したページを生成したいのに、対応できるデータがなくて生成できないことが、実際によくあります。

　検索するユーザーの目的に合ったページを作るには、自社の顧客となりうるユーザーがどのような目的で、何のためにどのようなキーワードで検索するのかを検討します。その答えとなるキーワードを洗い出したうえで、ページとして生成するにはどのような形でデータベースを構成するかを考えなくてはなりません。

　このようにして作られた顧客の目的に対応しやすいデータベースは、SEOやサイトのユーザビリティ向上に限らず、Google AdWordsで利用できる「Product Listing Ads」（PLA）のような広告にも活用できます。PLAは「商品リスト広告」のことで、検索結果に商品の画像、名前、価格、企業名などを表示できます。

　PLAを配信するにはSearch Consoleの［その他のリソース］にある「Google Marchant Center」を利用してデータを送信する必要があり、ここで顧客の目的に対応しやすいデータを送信できれば、広告の訴求方法の幅を広げられます。

　現代の広告では、顧客のニーズに対応できるデータを多く持っていればいるほど、それだけ対象ユーザーにマッチした効果的な訴求が可能です。SEOと広告は別のものとして考えられがちですが、ユーザーの目的を考え抜いて作られたデータはどちらにも活用できることを意識して、自社のデータベースを設計していきましょう。

第4章

モバイルフレンドリーと
ページ高速化の新法則

スマートフォンから利用しやすい「モバイルフレンドリー」は、これからのSEOにおけるキーワードの1つです。また、ページ表示速度の高速化もSEOに影響し、通信速度が限られるモバイル環境では特に重要です。これらを併せて改善しましょう。

新法則 70

モバイルフレンドリーの概要と影響

モバイルフレンドリーによる変化と影響を正しく知る

「モバイルフレンドリーアップデート」は、昨今の利用環境の変化にGoogleが対応したものです。スマートフォンからの検索だけに影響します。

■ モバイル対応しているページを高評価

　本章では、モバイル検索での掲載順位に影響する「モバイルフレンドリー」と、サイトの使いやすさに影響する「高速化」について解説していきます。

　ここでの「モバイル」とはスマートフォンのことです。2015年3月に内閣府が発表した「消費動向調査」によると、日本のスマートフォン普及率は60.6%に達しており、スマートフォンからのウェブ利用が増えています。サイトによっては、スマートフォンからのアクセスがパソコンを上回ることも珍しくありません。

　しかし、スマートフォンからの利用しやすさ（モバイルユーザビリティ）に十分な配慮がされていないサイトは、まだ多く存在します。どれだけ作り込まれたサイトであっても、パソコンからの利用だけを想定している場合、スマートフォンユーザーには使いにくいサイトになってしまっている可能性があります。

　Googleでは以前よりモバイルユーザビリティについて情報を提供し、サイトの運営者に対応を促していました。そして、2015年4月21日より「モバイルフレンドリーアップデート」を実施し、モバイル検索においてはモバイルフレンドリーな（スマートフォンで利用しやすい）ページの掲載順位を、以前よりも引き上げるとしています。これは、検索するユーザーにより有益なサイトを提案したいというGoogleの目的によるもので、ユーザー環境の変化に対応したものだと言えます。

◆ 対応ページには［スマホ対応］と表示される

Impress Watch Headline - インプレス
m.www.watch.impress.co.jp
［スマホ対応］- **Impress** Watchの各メディアが配信するニュースやコラムの中から最新の情報をピックアップして掲載。11時、13時、16時、19時 ...
PC Watch - AV Watch - Car Watch

スマートフォンで使いやすいページが評価され、モバイルフレンドリーだと判断された場合は検索結果に［スマホ対応］のラベルが表示される。

第4章　モバイルフレンドリーとページ高速化の新法則

スマートフォンからの検索のみに影響

モバイルフレンドリーアップデートが影響する範囲と対象をまとめると、次の3点になります。

・世界中のすべての言語が対象になる
・モバイル検索の結果にだけ影響する
・サイト全体ではなくページごとに評価される

まず、モバイルフレンドリーアップデートは、世界中のあらゆる地域、あらゆる言語で例外なく提供されています。

モバイルフレンドリーであるかどうかが影響するのは、モバイル検索（スマートフォンからの検索）の結果だけで、パソコンやタブレットからの検索結果には影響しないとされています。サイトの評価は第1章〜第3章で解説したようにキーワードやリンクなどを対象に行われ、そのうえで、モバイル検索ではモバイルフレンドリーであることがプラス評価の対象となります。

評価はページ単位で行われます。そのため、サイトの一部に非対応ページがあるので評価が上がらない、といったことはありません。もしも、モバイルフレンドリーにしたいけれどサイト全体のリニューアルは難しいときには、スマートフォンからの利用の多いページから段階的にモバイルフレンドリー化していくことで、モバイル検索で上位に表示される効果が得られるはずです。

では、スマートフォンから使いやすい「モバイルフレンドリーなページ」とは、具体的にはどのようなページでしょうか？　次の新法則71で詳しく解説します。

関連 **新法則71** モバイルフレンドリーに求められる条件を理解する ……………………………… P.168

◆ モバイルフレンドリーアップデートが影響する範囲と対象

●モバイル検索だけに影響する

影響なし　影響あり

●サイト単位ではなくページごとに評価される

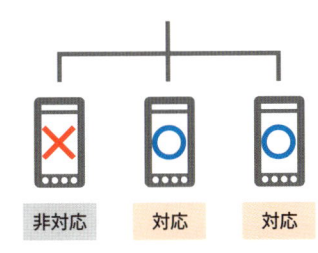

非対応　対応　対応

新法則 71

モバイルフレンドリーの条件
モバイルフレンドリーに求められる条件を理解する

モバイルフレンドリーと認定され、[スマホ対応] ラベルを手に入れるには何が必要なのでしょうか？　見やすさ、操作しやすさの基準を知りましょう。

■ 推奨されるモバイル対応の方法は3種類

　サイトがモバイルフレンドリーであるためには、スマートフォンでアクセスしたユーザーにパソコン用のページをそのまま見せるのではなく、スマートフォンでの表示に最適化したページを用意することが大前提になります。パソコン用とモバイル用のページが共存したサイトの作り方として、Googleは次の3とおりの方法を推奨しています。

・レスポンシブウェブデザイン
・ブラウザーに合わせた動的なコンテンツ配信
・別に用意したモバイル用コンテンツへの振り分け

　「レスポンシブウェブデザイン」は、1つのHTMLファイルとCSSで、訪問したユーザーの利用デバイス（画面サイズ）に合わせてパソコンとスマートフォンの両方に最適なレイアウトのページを表示する方法です。
　比較的新しい手法で、HTMLとCSS以外を必要としないため、サーバーの環境を選ばずに使えます。「WordPress」などのCMSのテンプレートに組み込まれていることも多く、目にする機会が多くなっています。
　レスポンシブウェブデザインの中心的な概念である「ビューポート」は、ほかの方法でモバイル用ページを提供するときにも知っておく必要があります（新法則73を参照）。
　「ブラウザーに合わせた動的なコンテンツ配信」は、サーバーのプログラムにより訪問したユーザーの利用デバイスを判別して、最適なコンテンツをその都度配信します。また、「別に用意したモバイル用コンテンツへの振り分け」は、パソコン用とモバイル用のページを別々に作成し、相互にリンクしたり、ユーザーの利用デバイスを判別してリダイレクトしたりします。この2つの方法は携帯電話（フィーチャーフォン）の時代からありますが、スマートフォン対応サイトでも使われています。

モバイルフレンドリーなページの条件とは？

　さらに、Googleは2014年11月に公開した「ウェブマスター向け公式ブログ」の記事で、次の4つの条件を満たしたページは［スマホ対応］ラベルを適用する可能性があるとしています。

- Flashなどモバイルで一般的でないリッチコンテンツを使っていないこと
- 拡大表示しなくても文字を判読できること
- コンテンツが画面のサイズに合い、横スクロールや拡大表示をしなくてもいいこと
- 目的のリンクが簡単にタップできるよう、リンク同士が十分に離れていること

　パソコン用のページをスマートフォンで見て、読みにくさや使いにくさ不満を感じた経験がある人も多いでしょう。4つの条件は、パソコン用ページの不満を解消するモバイルユーザビリティの基本です。Search Consoleでは、もう少し厳密な基準でのモバイルユーザビリティの評価と、具体的な情報提供を行っています。次の新法則72で詳しく見ていきましょう。

URL Googleウェブマスター向け公式ブログの記事
http://googlewebmastercentral-ja.blogspot.jp/2014/11/helping-users-find-mobile-friendly-pages.html

関連 新法則70　モバイルフレンドリーによる変化と影響を正しく知る …………………………P.166
　　　　新法則72　現在のサイトにあるモバイルユーザビリティの問題を洗い出す ……………P.170

「モバイルガイド」で情報が提供されている

Googleでは「ウェブマスター向けモバイルガイド」で、モバイル対応のための情報提供に力を入れています。前のページで紹介した3種類のモバイル対応の技術的な情報提供もあり、実際に対応を行うときの参考にできます。

ウェブマスター向けモバイルガイド
http://developers.google.com/webmasters/mobile-sites/

新法則 72

モバイルユーザビリティ

現在のサイトにあるモバイルユーザビリティの問題を洗い出す

Search Consoleにはモバイル対応のレポート機能もあります。サイトを6つの点から評価する［モバイルユーザビリティ］画面を確認しましょう。

■ 現状の問題と、何を改善すればいいかがわかる

　すでにモバイル対応済みのサイトを公開している場合や、既存サイトの改修によるモバイル対応を予定している場合は、Googleからのモバイルユーザビリティの評価を確認しましょう。

　［モバイルユーザビリティ］画面では、サイトを評価した結果として以下の表にある6つの問題が表示されます。次のページの手順のように、サイト内に1ページでも対象となるページがあれば［ユーザビリティの問題］が表示され、該当のページのURLを確認できます。問題の詳細と解決方法について詳しくは、関連する新法則を参照してください。

　過去にモバイル対応を行っているサイトでは、Googleが提唱する新しい基準に合わせるために必要な修正内容を洗い出せます。また、既存のサイトをどのように改修すればモバイル対応できるかの参考としても役立ちます。

関連　新法則70　モバイルフレンドリーによる変化と影響を正しく知る ················· P.166
　　　新法則71　モバイルフレンドリーに求められる条件を理解する ················· P.168

◆［モバイルユーザビリティ］画面で確認できる問題

項目	概要	関連する新法則
Flashが使用されています	スマートフォン用ブラウザーのほとんどはFlashに対応していない。リッチコンテンツはCSSやJavaScriptで実現することが推奨される	—
ビューポートが設定されていません	「ビューポート」とは、デバイスの画面サイズに合わせたページの表示方法を指定したHTMLの記述のこと。この指定が適切でないか、コンテンツがビューポートに合っていない	73
固定幅のビューポート		
コンテンツのサイズがビューポートに対応していません		
フォントサイズが小です	フォントサイズが小さすぎて文字が読みにくい	74
タップ要素同士が近すぎます	リンクやボタンが隣接しすぎていてタップしにくい	75

◆ モバイルユーザビリティの問題を確認する

操作手順　検索トラフィック　▶　モバイルユーザビリティ

> 問題と問題があるページの数を確認できる

> 表示された問題をクリック

> 問題があるページのURLと最終検出日が表示された

> URLをクリックすると修正方法の案内などが表示される

モバイルフレンドリーとページ高速化の新法則

新法則 73

レスポンシブウェブデザイン

画面の幅に応じてレイアウトを変える仕組みを理解する

モバイルフレンドリーなサイトを制作・運営するには、「レスポンシブウェブデザイン」の理解が必須です。特に「ビューポート」について理解しましょう。

1つのHTMLとCSSでデバイスに合わせてレイアウトを変える

レスポンシブウェブデザインでは、1つのHTMLファイルとCSSファイルに、パソコンやスマートフォンなど複数の画面サイズに対応したレイアウトを記述しておき、ブラウザー側で画面サイズに応じたレイアウトに切り替えて表示します。

ファイルサイズが大きくなる、レイアウトの制約が大きい、といったデメリットもありますが、プログラムの開発が不要である点、管理するファイルが1ページあたり1ファイルになることで運用の負荷や更新ミスの可能性が減らせる点が、レスポンシブウェブデザインのメリットです。CMSのテンプレートに採用されることも多く、ブログやメディアサイトでよく見られるようになっています。

ここで理解しておきたいのは、レスポンシブウェブデザインはどのような記述で「画面サイズに応じてレイアウトを切り替える」を実現しているのか？　という点です。

◆ デバイスに合わせてレイアウトを切り替える

●パソコンでの表示

パソコンの画面幅をいっぱいに使ってサイドバーが表示される。

●スマートフォンでの表示

狭い画面幅に合わせて1段組の表示になる。

第4章　モバイルフレンドリーとページ高速化の新法則

「ビューポート」と「メディアクエリ」で切り替えを実現

　スマートフォン用ブラウザーは、何もしないとパソコン並みの画面サイズを表現しようとしますが、スマートフォンに最適な表示のために、デバイスの画面に合ったサイズを指定できる「ビューポート」を利用します。そして、CSS3の機能である「メディアクエリ」が、画面サイズに合わせてレイアウトを切り替えます。「ビューポート」と「メディアクエリ」という2つのキーワードを覚えましょう。

表示サイズを指定する「ビューポート」

　ビューポートとは「ブラウザーでどのようなサイズの画面を表現するか」の指定です。各ページのHTMLで、「head」要素内に「name="viewport"」属性を持つ「meta」要素を記述します。

　ビューポートの指定がないとき、一般的なスマートフォンのブラウザーは、パソコンの画面に近い幅980ピクセルでページを表示しようとして、文字が小さくなり、読みにくくなってしまいます。しかし、ビューポートを指定し、175ページの例のように「content="width=device-width"」という属性を記述すると、「ビューポートはデバイスの幅と同じである」という指定になり、縮小が起こらなくなります。

　なお、高解像度ディスプレイを持つスマートフォンでは、このときの画面の幅は実際のピクセル数とは異なり、「CSSピクセル」や「デバイス非依存ピクセル」と呼ばれる数値になります。例えば、iPhone 6のディスプレイは750×1,334ピクセルですが、2×2ピクセルで1ピクセルを表現しているため、CSSピクセルは375×667ピクセルです。

◆ビューポートで表示するサイズを指定する

●ビューポート無指定

980ピクセル

通常、スマートフォンのブラウザーはパソコンの画面に近い幅980ピクセルの画面を表現しようとするので、文字などのサイズが小さくなってしまい、読みにくくなる。

●「content="width=device-width"」を指定

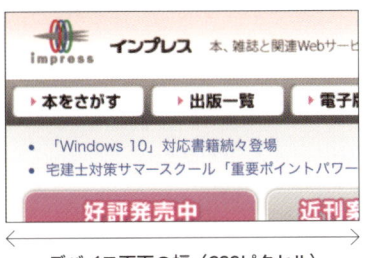

デバイス画面の幅（CSSピクセル）

ビューポートとして「content="width=device-width"」と指定すると、デバイスの画面の幅がブラウザーの幅になり、文字などは縮小されない。ただし、このままではコンテンツがはみ出して横スクロールが必要になる。

次のページに続く

サイズごとの最適なレイアウトを実現する「メディアクエリ」

　ビューポートを指定しただけでは、ページ内の画像などがスマートフォンの画面（ビューポート）をはみ出してしまいます。そこで、コンテンツのレイアウトをビューポートに最適化するために利用するのが、CSSに記述する「メディアクエリ」です。

　メディアクエリとはデバイスの属性によって適用するスタイルを切り替える機能で、次のページにあるコードの例では「画面の幅が641ピクセル以上の場合と640ピクセル以下の場合でコンテンツのレイアウトを切り替える」といったことが可能になります。

　ここでいう「幅」とは、実際のデバイスの画面の幅ではなく、ビューポートのことです。あらかじめ「ビューポートはデバイスの幅と同じである」と指定しておくことで、デバイスの画面の幅に応じてレイアウトを変えることが可能になるのです。

ビューポート内にコンテンツが収まることが重要

　以上の設定をしたうえで、コンテンツがビューポートの幅に収まり、横スクロールが発生しないことが重要です。例えば、幅1,000ピクセル未満のビューポートでの利用が想定されるときに画像の幅を1,000ピクセルに固定してしまうと、ビューポートをはみ出し、横スクロールが発生します。画像の幅はビューポートに合わせた相対的なサイズで指定するなどして、コンテンツをビューポートに対応させます。

レスポンシブウェブデザイン以外でもビューポートの指定は必要

　ビューポートの設定は、レスポンシブウェブデザインを採用しているサイト以外でも必要だとされています。新法則72で解説した［モバイルユーザビリティ］画面では、ビューポートに関連する問題が3つありました。

　1つ目の［ビューポートが設定されていません］は、ビューポートを設定する「meta」要素が記述されていないことを意味します。2つ目の［固定幅のビューポート］は、ビューポートを設定する「meta」要素で決まった数値が設定されてしまい、デバイスの画面に応じた表示ができないことを警告しています。スマートフォンに限らず、もっとさまざまなサイズのデバイスでページが見られることを想定し、ビューポートはデバイスの幅に合わせて可変である必要があります。

　3つ目の［コンテンツのサイズがビューポートに対応していません］は、画像などのコンテンツの幅がビューポートからはみ出し、横スクロールが発生してしまう状態です。

　すべてのモバイル用ページは、この3点をクリアーした見やすいページにする必要があります。ビューポートの意味を理解して、ページを見直しましょう。

関連
新法則70　モバイルフレンドリーによる変化と影響を正しく知る　…………………………P.166
新法則71　モバイルフレンドリーに求められる条件を理解する　……………………………P.168

◆ デバイスの画面に合わせたビューポートを指定した例

```
<meta name="viewport" content="width=device-width">
```

「content="width=device-width"」という記述により、ビューポートはデバイスの画面サイズの幅と同じであると指定する。

◆ ビューポートの幅でスタイルを指定したメディアクエリの例

```
@media screen and (min-width: 641px) {      1
    h1 {
        font-size: 22px;
    }
}
@media screen and (max-width: 640px) {      2
    .pc_contents {
        display : none;
    }
}
```

1の部分では、画面（ビューポート）の幅が641ピクセル以上の場合、「h1」要素のフォントサイズを22ピクセルにすることを指定している。640ピクセル以下の場合は**2**の部分のスタイルが適用され、「class="pc_contents"」という属性を持つ要素を非表示にする。このように、ビューポートの幅によって適用するスタイルを変えることで、単一のHTMLファイルのレイアウトを調整できる。

◆ メディアクエリでレイアウトを変更する

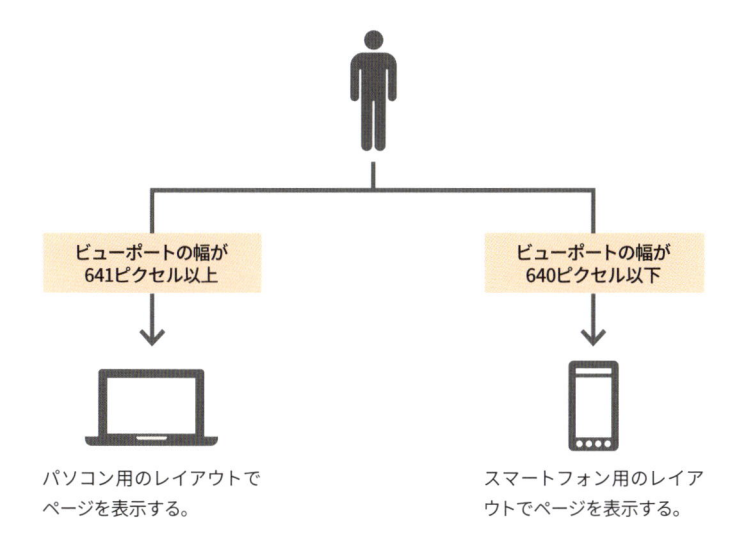

ビューポートの幅が
641ピクセル以上

パソコン用のレイアウトで
ページを表示する。

ビューポートの幅が
640ピクセル以下

スマートフォン用のレイアウトでページを表示する。

新法則 74

フォントサイズの適切な設定

フォントサイズは
16ピクセルを基準に決める

スマートフォンで読みやすいフォントサイズの設定は重要です。Googleが推奨しているガイドラインを参考に、サイトに適用しましょう。

■ モバイル環境に適したフォントサイズや行間にする

　モバイルユーザビリティの重要なチェック項目の1つに、フォントサイズがあります。スマートフォンで表示したとき、拡大しないと読めないような小さなフォントではユーザーの利便性を大きく損ねてしまいます。

　では、適切なフォントサイズとはどれくらいなのでしょうか？　ウェブ関連各社が策定したガイドラインによっても適切とされるサイズは異なり、明確な正解はありませんが、Googleが推奨するフォントの扱いは次のようになっています。

- 基本のフォントサイズは「16ピクセル」
- 基本のフォントサイズから相対的なサイズを指定して、拡大縮小に使用する
- 行間のサイズは「1.2em」（1.2文字分）を推奨
- 使用フォントの種類やサイズを絞り、乱雑なレイアウトにならないようにする

　この4点を満たしていればフォントサイズに問題がなく、適切な行間がとられているとされます。なお、前提として、ビューポート（新法則73を参照）に固定の幅が指定されていると、フォントがデバイスの画面に合ったサイズにならずに拡大・縮小されることがあるため、あらかじめビューポートを適切に指定しておく必要があります。

CSSでのサイズの単位は「px」で指定する

CSSには、ピクセル数で指定する「px」、文字のサイズを基準として相対的にサイズを指定する「em」といった「相対単位」のほか、「cm」（センチメートル）、「pt」（ポイント。1ポイントは約0.35ミリメートル）など、実際の長さの単位を指定する「絶対単位」と呼ばれる単位があります。このうち絶対単位による指定は、画面上でどれだけのサイズで表現されるかが一定でないため不適切とされ、Googleでは「px」による指定を推奨しています。

新法則 75

タップ要素の適切な設定

人間の指のサイズからリンクやボタンの配置を決める

タップ要素の適切なレイアウトは、スマートフォンでの使いやすさに大きく影響します。Googleが推奨する基準を参考にしましょう。

操作する指のサイズを考慮してレイアウトする

　ページを拡大しないと正確なタップがしにくかったり、近くのリンクを誤ってタップしてしまったりするリンク要素は、ユーザビリティを損なうため修正が必要です。Googleでは、成人の平均的な指の腹のサイズは約10mmであり、それを想定したサイズとして、次のようなタップ要素のレイアウトを推奨しています。

- タップされることが多い要素は、高さと幅を7mm（48ピクセル）以上にする
- 7mm以下にする場合は、誤ってタップしないように周囲に十分なスペースを確保する
- タップされることが少ない要素は小さくてもかまわないが、周囲のほかのタップ要素との間隔を最低でも5mm（32ピクセル）確保する

　「周囲に十分なスペース」といったあいまいな記述もありますが、目安としては7mm四方の範囲内にタップ要素が複数存在しないようにすることで、タップ要素が近すぎて複数のリンクをタップしたり、意図しないリンクをタップしたりといった問題は回避できると考えられます。

◆ 人間の指のサイズを考慮したリンクやボタンの例

●よくタップされる要素

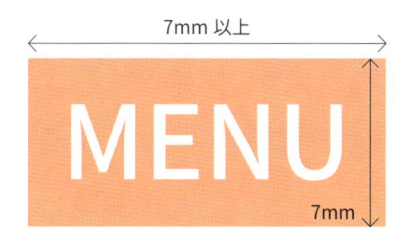

7mm 以上
MENU
7mm

●あまりタップされない小さな要素

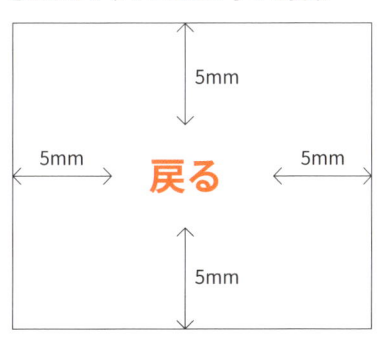

5mm
5mm　戻る　5mm
5mm

新法則 76

モバイルフレンドリーテスト

モバイル対応に合格しているか判定できるツールを使う

モバイル用ページを制作したら、モバイルフレンドリーかどうかを判定しましょう。修正するべき点もわかりやすく指摘され、すぐに改善できます。

■ 判定と修正のアドバイスがまとめて行われる

「モバイルフレンドリーテスト」は、ページがモバイルフレンドリーかどうかを簡単にテストできるツールです。Search Consoleのメニュー内にはなく、169ページで紹介した［ウェブマスター向けモバイルガイド］から利用します。

新法則72で解説した［モバイルフレンドリー］画面のレポートでは公開直後のページの情報を見ることはできませんが、モバイルフレンドリーテストは入力したURLをすぐに判定できるため、モバイル用ページを制作するときのチェックツールとして重宝します。

モバイルフレンドリーの条件を満たしていれば［問題ありません。このページはモバイルフレンドリーです。］と表示されます。条件を満たしていない場合は、次のページの画面のように［モバイルフレンドリーではありません］と表示され、問題点が指摘されます。ここで指摘される内容は［モバイルフレンドリー］画面の項目と共通なので、解決するためには新法則72を参考にしてください。

モバイルフレンドリーテストは、新法則77で解説するページ表示速度の改善ツール「PageSpeed Insights」と似ていますが、表示されるメッセージがモバイルフレンドリーの判定向けにカスタマイズされている点と、robots.txt（新法則18を参照）の影響を受ける点が違います。また、結果に［このページはGooglebotにどのように見えているか］としてGooglebotによるレンダリングの結果が表示され、CSSやJavaScriptをブロックせず適切にレンダリングできる状態になっているかのテストもできます。一方、PageSpeed Insightsでは、レンダリングのテストは行いません。

レンダリングに問題ないことが確認できて、より詳細な情報を確認して表示の高速化を意識したいときは、次の新法則77で紹介するPageSpeed Insightsを使うことをおすすめします。

◆ モバイルフレンドリーテストを利用する

モバイルフレンドリーテスト
http://www.google.com/webmasters/tools/mobile-friendly/

①URLを入力

②［分析］をクリック

モバイルフレンドリーかどうかの結果が表示された

モバイルユーザビリティの問題やブロックされたリソース（ファイル）が確認できる

関連
- 新法則18　robots.txtは設置前に必ず動作テストをする……………………………………P.58
- 新法則22　Googlebotのレンダリングに問題がないか確認する……………………………P.66
- 新法則24　CSSやJavaScriptを不用意にブロックしていないか調査する……………………P.70
- 新法則72　現在のサイトにあるモバイルユーザビリティの問題を洗い出す………………P.170
- 新法則77　ページ高速化のために解決するべき問題を的確に知る………………………P.180

第4章　モバイルフレンドリーとページ高速化の新法則

新法則 77

PageSpeed Insights
ページ高速化のために解決するべき問題を的確に知る

ページの表示速度は、モバイルに限らずサイトの評価に影響します。速度に関する問題の解決には「PageSpeed Insights」が有効です。

■ 表示速度はSEOにも影響する

　ウェブページの表示速度は、ユーザーの快適さに影響するだけでなく、検索エンジンからの評価にも影響する要素です。仮に同じ質のページが2つあったとしたら、表示までに10秒かかるページよりも数秒で表示されるページのほうが、高く評価されます。

　ここでは、ページの表示速度とユーザーエクスペリエンス（ユーザーの利用経験。快適さや満足度）に関する分析ができるGoogleのサービス「PageSpeed Insights」を利用して、表示速度を改善していく方法を解説します。Search Consoleの［その他のリソース］から利用しましょう。

　表示速度に影響する要素は、サーバーやネットワークからコンテンツまでと多様です。PageSpeed Insightsでは、ユーザーの環境によって違いが出るネットワーク以外の要素、つまりサーバーやコンテンツの問題を評価し、修正方法を提案してくれます。

■ モバイル、パソコンとも85点を目指す

　PageSpeed InsightsではURLを入力したページを分析し、結果を［モバイル］と［パソコン］の2つのタブに分けて表示します。そして、モバイルでは［速度］と［ユーザーエクスペリエンス］の2つの評価を、パソコンでは［提案の概要］として全体的な評価を、それぞれ100点満点で行います。いずれも85点以上ならば高いパフォーマンスであるとされるので、目安にしましょう。

　また、チェック項目ごとの評価が次の3段階で表示され、修正方法の提案が行われます。修正方法は非常に詳細で、どこをどのように修正すれば、どの程度のパフォーマンス向上が得られるかまでわかります。

・修正が必要（赤）：修正により大きくパフォーマンスを改善できる項目
・修正を考慮（オレンジ）：優先度は高くないが修正した方がいい項目
・合格（緑）：大きな問題がない項目

効果の高いものから修正していく

　提案される修正項目には、CSSや画像などコンテンツの修正に関するものもあれば、圧縮やキャッシュなど、エンジニアと相談してサーバーの設定変更をする必要がある項目もあります。利用しているサーバーによっては、対応できない可能性もあります。

　提案される修正のすべてを行おうとは考えず、高い効果が見込めるもの（上に表示されるものほど改善で高い効果が見込める）、そして対応可能なものから修正していきましょう。各項目の概要は、次のページの表を参照してください。比較的簡単に対応でき、どのサイトでも効果が高いと考えられるのは画像の最適化です。この修正が提案されたときは、新法則79を参考に画像を入れ替えたあとで再度分析し、得点の向上を確認してみてください。

◆ PageSpeed Insightsを利用する

① 分析を実行する

操作手順　その他のリソース ▶ PageSpeed Insights

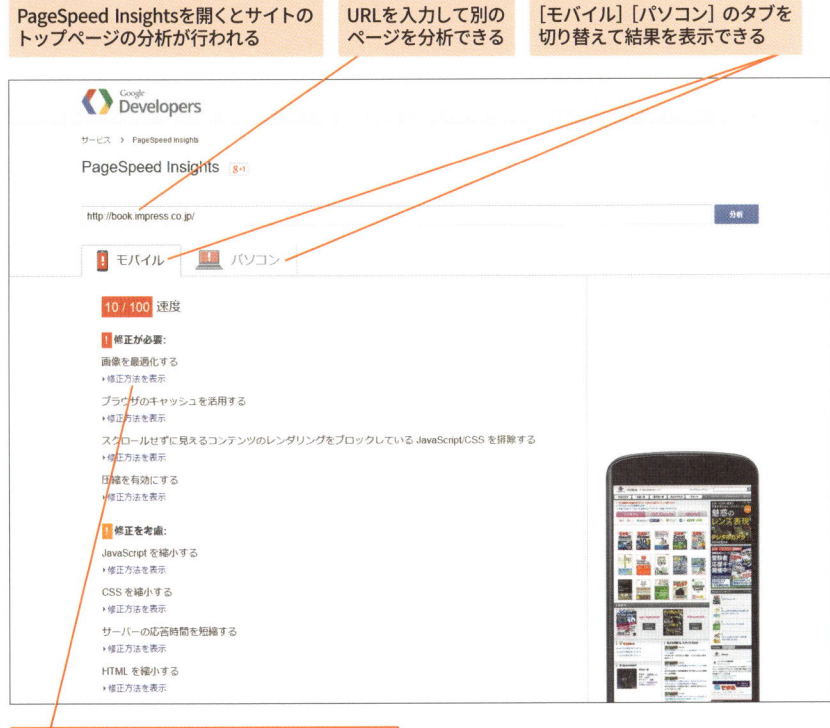

- PageSpeed Insightsを開くとサイトのトップページの分析が行われる
- URLを入力して別のページを分析できる
- ［モバイル］［パソコン］のタブを切り替えて結果を表示できる
- 修正方法を確認したい項目の［修正方法を表示］をクリック

次のページに続く

❷ 修正方法が表示された

修正の方法や効果の情報が表示された

期待できる修正の効果を確認する

画像の圧縮やCSS、JavaScript、HTMLの縮小に関する修正方法を表示すると、縮小できるファイルサイズが表示されます。ファイルごとにどの程度の縮小の効果があるかもわかるので、作業の優先度を付ける参考にしましょう。

◆ PageSpeed Insightsで確認できる改善提案

項目	概要	関連する新法則
圧縮を有効にする	送信するファイルの圧縮を行う	78
ブラウザーのキャッシュを活用する	ブラウザーにファイルをキャッシュさせるよう設定する	78
サーバーの応答時間を短縮する	サーバーの改善によりアクセスに対する応答の時間を短縮する	78
画像を最適化する	画像ファイルのサイズを縮小する	79
HTML/CSS/JavaScript を縮小する	各ファイルのサイズを縮小する	80
リンク先ページのリダイレクトを使用しない	不必要なリダイレクトを避ける	81
表示可能コンテンツの優先順位を決定する	HTMLの中でコンテンツの優先順位を最適化する	82
スクロールせずに見えるコンテンツのレンダリングをブロックしているJavaScript/CSSを排除する	最初に読み込むことで表示の遅延の原因になっている外部ファイルの扱いを修正する	82

新法則 78

サーバーの設定による高速化

圧縮やキャッシュ活用による サーバーの高速化を検討する

サーバーの設定による高速化は、エンジニアと相談しながら検討し、可能なものを行っていきましょう。3つの項目が提案される可能性があります。

サーバーにより設定方法や解決するべき問題は異なる

　PageSpeed Insightsが提案する高速化の提案のうち、サーバーの設定に関係するものが3点ありますが、サーバーにより実現の方法が異なるので、本書では具体的な説明は省略しますが、エンジニアと相談しながら進めてください。レンタルサーバーなど環境によっては利用できない場合もあります。

圧縮を有効にする

　サーバーで利用できる「HTTP圧縮」という機能の利用を促す提案です。サーバーがファイルを圧縮してファイルを送信し、ブラウザー側で解凍してからレンダリングするようになり、データ量が削減されて高速化につながります。

ブラウザーのキャッシュを活用する

　サーバーの設定により、画像やCSSなどの静的コンテンツのキャッシュ（ファイルの一時保存）期間を明示することで、ブラウザー側でファイルをキャッシュさせることができます。キャッシュされているファイルはサーバーから取得する必要がなくなるため、サイトへの2回目以降のアクセスのとき、表示を高速化できます。サーバーの運用体制に応じたキャッシュの有効期間などを検討し、設定を行う必要があります。

サーバーの応答時間を短縮する

　「応答時間」とは、アクセスに応答してサーバーがレスポンス（HTMLファイルの送信など）を返すまでの時間のことです。PageSpeed Insightsでは、応答時間は200ミリ秒（0.2秒）以下にする必要があるとしています。サーバーが応答するプロセスには非常に多くの要素が影響しており、サーバーにより何を改善すると効果的かは異なります。改善のためにはプログラムやデータベースの問題、サーバー間の通信の遅延、サーバーマシンの問題など、それぞれについて詳細な調査を行い、問題の切り分けをしていく必要があります。

関連　新法則77　ページ高速化のために解決するべき問題を的確に知る……………………P.180

新法則 79

画像の最適化

画像の使い方と圧縮を見直して転送時間を短縮する

ファイルサイズが大きい画像ファイルの圧縮は、効果的な高速化方法の1つです。圧縮された画像がダウンロードできるので、ぜひ利用しましょう。

不要な画像や形式を見直して転送量を削減

モバイル回線が高速化した現在では、モバイルサイトでも豊富に画像を使うことが多くなっています。しかし、画像はファイルサイズが大きく、データの転送にも時間がかかります。画像の使い方を最適化することで、かなりの高速化が図れるはずです。

PageSpeed Insightsでは画像ファイルの圧縮に関してだけ修正の提案がされますが、記号をテキストで代用する、CSSで表示できる罫線や図形はCSSにするといった画像を使わない工夫をすることも、ファイルサイズの削減につながります。ページ内の画像1点ごとに見直していけば、全体としては大きな改善につながります。

さらに、画像を利用する場合には、画像の大きさ（ピクセルサイズ）をできるだけ小さくする、余白部分や切り抜いても問題のない部分があれば切り抜く、といった加工も効果的です。タイトルロゴの周囲に削除できる余白はないか、高解像度である必要のないサムネイル画像に数百ピクセルの画像を使っていないか、といったところを見直していきましょう。

適切なファイル形式を選ぶことも、画像ファイルの最適化としては重要です。Googleが推奨しているのは、次のような使い分けです。

- ページ内のバナーやロゴなどの一般的な画像はPNG形式
- 10×10ピクセル程度の非常に小さなアイコンや、3色程度の単純な画像、アニメーションを含む画像はGIF形式
- 写真はすべてJPEG形式
- 上記の3種類以外の形式（BMP、TIFFなど）は使わない

GIF、JPEG形式が効率よく圧縮できる画像にはそれらを使い、そのほかの画像はPNG形式とします。

最適化された画像をダウンロードできる

　同じ画像を同じ形式で保存しても、圧縮の方法によりファイルサイズは変わります。PageSpeed Insightsでは高度な「ロスレス圧縮」(画質に影響を与えない圧縮)が提案されますが、そのためには特殊なソフトウェアが必要になることがあります。

　そこでPageSpeed Insightsでは、チェック結果の画面で、ページで使用している画像ファイルと、JavaScript、CSSファイルを最適化したものをダウンロードできるようになっています。以下の画面を参考にダウンロードし、サーバー上のファイルを置き換えれば、画像ファイルの最適化ができます。

関連		
	新法則77　ページ高速化のために解決するべき問題を的確に知る	P.180
	新法則80　CSSやJavaScriptは最適化されたコードを使う	P.186

◆ 最適化されたファイルをダウンロードする

操作手順　その他のリソース　▶　PageSpeed Insights

[画像、JavaScript、CSSリソース]をクリック

ZIP形式のファイルがダウンロードされる

第4章　モバイルフレンドリーとページ高速化の新法則

新法則 80

コードの縮小
CSSやJavaScriptは最適化されたコードを使う

コードのコメントやインデントを削除することで、CSSやJavaScriptのファイルを縮小できます。PageSpeed Insightsが生成するファイルを使うと簡単です。

■ 可読性やメンテナンス性に配慮しながら利用する

　HTMLやCSS、JavaScriptのファイルは、動作に影響しない内容を削除することでファイルサイズを縮小できます。具体的には、コメントやインデント、空行、JavaScriptの場合は冗長な変数名などを削除または短縮します。

　ただし、こうした内容を削除することは、人間の目による可読性を下げることになり、同時にメンテナンス性も損なうおそれがあります。必ず縮小前のファイルを別途保存しておきましょう。修正が必要になったときには、縮小前のファイルを利用します。

　コードを縮小する方法はいくつかありますが、CSSとJavaScriptに関しては、新法則79で解説したPageSpeed Insightsからダウンロードできるファイルを使う方法をおすすめします。PageSpeed Insightsを実行するだけで自動的に縮小されるため、手軽にできてミスもありません。画像と同じZIP形式のファイルの中に、CSSとJavaScriptのファイルが保存されています。

　次のページで紹介しているのは縮小されたCSSファイルの例ですが、コメントや空行が削除され、ファイルサイズが縮小されていることがわかります。JavaScriptも同様にコメントや空行が削除されます。

　HTMLファイルの縮小に関しては、簡単にできる方法がないため、おすすめしません。かつてはPageSpeed InsightsのGoogle Chrome用拡張機能でHTMLファイルの縮小ができましたが、2015年8月現在は拡張機能が公開されておらず、ほかに適当な方法がない状態です。

関連		
新法則77	ページ高速化のために解決するべき問題を的確に知る	P.180
新法則79	画像の使い方と圧縮を見直して転送時間を短縮する	P.184
新法則98	新サイト公開前後に必要な作業をリストアップする	P.224

第4章　モバイルフレンドリーとページ高速化の新法則

◆ CSSファイルのコードを縮小した例

●縮小前のファイル（53.3KB）

```
/**
 * 1.0 Reset
 *
 * Modified from Normalize.css to provide cross-browser consistency and
 * default styling of HTML elements.
 *
 * @see http://git.io/normalize
 *
 */
* {
        -webkit-box-sizing: border-box;
        -moz-box-sizing:    border-box;
        box-sizing:         border-box;
}
article,
aside,
details,
figcaption,
figure,
footer,
header,
nav,
section,
summary {
        display: block;
}

audio,
canvas,
video {
        display: inline-block;
}

audio:not([controls]) {
        display: none;
        height: 0;
}

[hidden] {
        display: none;
}

html {
        font-size: 100%;
```

●縮小後のファイル（40.2KB）

```
*{-webkit-box-sizing:border-box;-moz-box-sizing:border-box;box-sizing:b
article,
aside,
details,
figcaption,
figure,
footer,
header,
nav,
section,
summary{display:block;}
audio,
canvas,
video{display:inline-block;}
audio:not([controls]){display:none;height:0;}
[hidden]{display:none;}
html{font-size:100%;overflow-y:scroll;-webkit-text-size-adjust:100%;-ms
html,
button,
input,
select,
textarea{font-family:"Source Sans Pro", Helvetica, sans-serif;}
body{color:#141412;line-height:1.5;margin:0;}
a{color:#ca3c08;text-decoration:none;}
a:visited{color:#ac0404;}
a:focus{outline:thin dotted;}
a:active,
a:hover{color:#ea9629;outline:0;}
a:hover{text-decoration:underline;}
h1,
h2,
h3,
h4,
h5,
h6{clear:both;font-family:Avenir, Helvetica, Sans-serif;line-height:1.3
h1{font-size:48px;margin:33px 0;}
h2{font-size:30px;margin:25px 0;}
h3{font-size:22px;margin:22px 0;}
h4{font-size:20px;margin:22px 0;}
h5{font-size:18px;margin:30px 0;}
h6{font-size:16px;margin:36px 0;}
#content h1{font-size:150%;margin:33px 0;font-weight:900;border-bottom:
#content h2{font-size:110%;margin:25px 0;font-weight:700;border-bottom:
#content h3{font-size:100%;margin:22px 0;font-weight:700;border-bottom:
#content h4{font-size:100%;font-weight:700;margin:25px 0;}
address{font-style:italic;margin:0 0 24px;}
abbr[title]{border-bottom:1px dotted;}
```

縮小前の一般的なCSSファイル。説明のためのコメントや、可読性を高めるためのインデント（タブ）、空行などが挿入されている。

PageSpeed Insightsが縮小したCSSファイル。コメントやインデント、空行を削除して、13KB以上の圧縮を実現。その代わりメンテナンス性は落ちるので、修正が必要な場合は縮小前のCSSファイルを編集してアップロードし、再度PageSpeed Insightsを利用して縮小したファイルをダウンロードする。

［デベロッパーツール］でコードを確認する

ブラウザーのデベロッパーツール（Google Chromeでは右上の［Google Chromeの設定］ボタンから［その他のツール］-［デベロッパーツール］の順にクリックして起動）を利用すると、縮小しているコードも読みやすい形で確認できます。CSSは［Elements］画面でHTMLのコードを表示しているとき、［Styles］タブに読みやすい形で表示されます。JavaScriptは［Sources］画面でJavaScriptのファイルを選択し、コードが表示されたあとで左下の［{ }］ボタンをクリックすると、読みやすく整形し直されて表示されます。

新法則 81

不要なリダイレクトの防止

気付きにくい無駄な リダイレクトをゼロにする

目的のページを表示するために複数回のリダイレクトが発生するのは無駄です。調査が難しい場合もありますが、可能な限り修正しましょう。

■ リンク先の修正だけで解決できる場合もある

何回もリニューアルを重ねたり、システムを変更したりした結果、目的のページを表示するために複数回のリダイレクトが発生している場合があります。リダイレクトが1回行われるたびにサーバーへのリクエストと応答が行われるので、無意味なリダイレクトは速度低下の原因になります。

普通に利用しているだけでは気付きにくいこともありますが、PageSpeed Insightsでチェックすると［リンク先ページのリダイレクトを使用しない］という項目で、リンク先のページで複数回のリダイレクトが行われていることが通知されます。まずはリダイレクトの原因を探るため、URLを記録してエンジニアと相談しましょう。

もっとも多い原因は、利用デバイスを判別してパソコン用とモバイル用のページの間でリダイレクトしているサイトで、サイトの移転など何らかの原因でもう1段階リダイレクトが発生しているというものです。

このようなときの解決方法は2つあります。1つは、リダイレクトを実行している設定やプログラムを修正する方法で、これにはエンジニアの協力が必要です。もう1つは、ページのリンクを書き換えて、複数回のリダイレクトが発生しないURLをリンク先に指定する方法です。すべての問題が解決可能だとは限りませんが、サイトの移転によるリダイレクトが原因のときには、この方法で解決できます。

◆ 複数回のリダイレクトは要修正

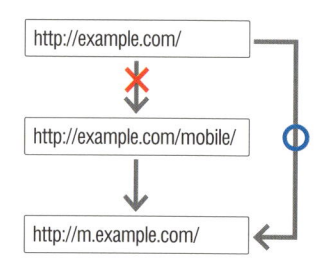

http://example.com/
↓✗
http://example.com/mobile/
↓
http://m.example.com/

最終目的のページまで複数回のリダイレクトが発生してしまっている場合は、中間のリダイレクトが発生しないようにリダイレクト先を修正する。

第4章 モバイルフレンドリーとページ高速化の新法則

新法則 82

レンダリングの優先度

ユーザーが最初に見る部分を最優先で表示するコードにする

画面をスクロールせずに見える範囲が早く表示されることで、ユーザーは早く行動に移れます。難度が高い方法もありますが、可能な部分から修正しましょう。

スクロールせずに見える範囲の表示速度が重視されている

　PageSpeed Insightsでは「ページ全体の表示が完了するまでの時間」だけでなく、「スクロールせずに見える範囲の表示が完了するまでの時間」も考慮して得点を計算します。これは、ユーザーが最初に目にする部分（ファーストビュー）を最優先で表示し、スクロールしないと見えない範囲の表示はそのあとでいい、という考え方に基づくものです。通信速度が十分に出ない環境での利用も想定されるモバイルサイトでは、最初の部分を早く表示し、ユーザーがコンテンツを読んだり、メニューをタップしたりできるようにすることが、訪問したユーザーの快適さのために重要になります。

　PageSpeed Insightsでは［スクロールせずに見えるコンテンツのレンダリングをブロックしているJavaScript/CSSを排除する］と［表示可能コンテンツの優先順位を決定する］という2つの項目で、ページの最初の部分を適切に表示するためのチェックを行っています。各項目で指摘される内容は多様ですが、順番に見ていきましょう。

重要なコンテンツはHTML文書の上のほうに記述する

　［表示可能コンテンツの優先順位を決定する］とは、HTML文書の中で、ページをスクロールせずに見える範囲の要素（ヘッダー、グローバルナビ、ヘッドライン情報など）や、重要な要素を上（前）に配置することを提案しています。HTML文書は上から順に読み込まれるため、重要なコンテンツの読み込みを早める狙いがあります。

　例えば、サイドバーと本文の2カラムの構成のサイトで、HTML文書の中で本文よりもサイドバーのコードが上にある場合、この修正が提案されます。サイドバーの部分が読み込まれるまで本文の表示が待たされるよりは、先に本文が表示された方が、ユーザーには快適に感じられるはずです。HTML文書の中での順番を修正したうえで、CSSによって適切な表示になるように調整しましょう。

第4章 モバイルフレンドリーとページ高速化の新法則

次のページに続く

◆ **HTML文書に重要なコンテンツから記述した例**

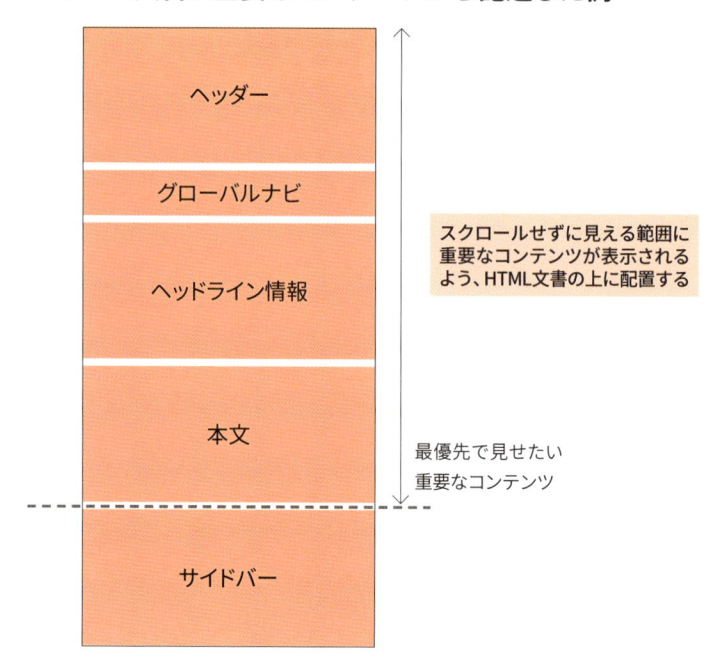

```
┌─────────────────────┐
│      ヘッダー        │
├─────────────────────┤
│    グローバルナビ    │
├─────────────────────┤
│   ヘッドライン情報   │
├─────────────────────┤
│       本文          │
├ ─ ─ ─ ─ ─ ─ ─ ─ ─ ─┤
│     サイドバー       │
└─────────────────────┘
```

スクロールせずに見える範囲に重要なコンテンツが表示されるよう、HTML文書の上に配置する

最優先で見せたい重要なコンテンツ

CSSとJavaScriptはインライン化などで高速化する

［スクロールせずに見えるコンテンツのレンダリングをブロックしているJavaScript/CSSを排除する］は、HTMLの「head」要素内でCSSやJavaScriptの外部ファイルの読み込みを行っており、ページの最初の部分の表示が遅れる原因となっている場合に提案されます。CSS、JavaScriptの最適化に関して、Googleでは次のような修正案を挙げています。

小さなコードはHTML文書内に「インライン化」する

CSSやJavaScriptは外部ファイルとして読み込む場合が多いですが、外部ファイルを読み込むためのリクエストと応答のやりとりが、表示時間を遅らせることになります。

そこで、小さなコードは外部ファイル化せず、「script」要素や「style」要素としてHTML文書の中に直接書き込むことで、トータルでの高速化が図れます。これを「インライン化」と呼びます。

CSSはコードが長大にならないように注意する

CSSの場合、小さなコードをインライン化することは推奨されますが、「<h1 style="font-size:150%">」のように、HTMLの要素の1つ1つに直接CSSの属性を書き込むことは、同じ

属性の記述が何度も発生してコードの長大化につながることがあるため、推奨されません。

また、あまりにも長いCSSをインライン化してしまうと、HTML文書中の「スクロールせずに見える部分が大きすぎる」ことが問題となり、警告されることがあります。

長いCSSが必要な場合は、外部ファイルとして読み込むのが（修正を提案されるかもしれませんが）最適解となります。

PageSpeed Insights内の説明では、HTML文書の最後に外部スタイルシートを読み込む「link」要素を記述し、JavaScriptでスタイルを適用するという方法も紹介されていますが、HTMLの文法としては「link」要素は「head」要素内に記述するべきなので、筆者はおすすめしません。

JavaScriptファイルの読み込みを非同期化する

JavaScriptのうち、スクロールせずに見える範囲のレンダリングに影響するものについては、インライン化することで高速化できます。それ以外のJavaScriptは外部ファイルとして読み込み、アニメーションの効果などページ表示後に読み込んでも支障がないものは、以下の例のように読み込む「script」要素に「async」属性を加え、非同期的に読み込む（JavaScriptのファイルを読み込み終わらなくてもページを表示する）ようにします。これによって、外部JavaScriptファイルの読み込みがページ自体の表示速度に影響しなくなります。

◆ JavaScriptの読み込みを非同期化する例

```
<script src="./script/animation.js" async>
```

「script」要素に「async」属性を記述することで、指定した外部JavaScriptファイルの読み込みを非同期化し、ページの表示速度に影響しないようにできる。ただし、JavaScriptを使ってページのコンテンツを出力している場合は、この方法は使えない。HTMLでボタンの画像を表示してから、JavaScriptでアニメーションを実現しているような場合には問題ない。

運用体制を考慮し、どこまで実施するかは検討が必要

スクロールせずに見える範囲の表示に関する修正のうち、HTML文書の中で先に表示される要素を上に記述する修正は、提案されたらできるだけ早く対応するべきです。しかし、CSSやJavaScriptに関するインライン化などの修正は、技術的な難しさやメンテナンスの工数が増える可能性があり、どこまで行うかは、事前に検討した方がいいでしょう。はじめは一部のコンテンツに対して行うなど、取り組み方を制作担当者と話し合いましょう。

関連　新法則77　ページ高速化のために解決するべき問題を的確に知る………………P.180

■ モバイル対応でおすすめする
　レスポンシブウェブデザインの利点

　Googleが推奨するサイトをモバイル対応させる方法としては、新法則71で解説したようにレスポンシブウェブデザイン、動的なコンテンツ配信、モバイル用コンテンツへの振り分け、の3とおりがあります。

　どれがベストか？は現状のサイトの構成や、求められるデザインや機能によって異なり一概には言えませんが、これから新規にサイトを構築し、何も制約がない状態で考えるならば、筆者はレスポンシブウェブデザインをおすすめします。新しい手法であり、デバイスが多様化している現在の環境にもっとも適合しています。

　パソコンとスマートフォンに1つのファイルで対応できるため管理が容易になり、運用コストの削減にもつながります。構築のコストもそのぶん安くなるケースが多いです。ユーザーエージェント（ブラウザー、クローラーなど）ではなく画面の幅で表示方法を変えるため、よほど古い製品でなければ、どのようなブラウザーでも期待どおりにレンダリングできることも安心できます。新しいデバイスが出るたびに動作チェックを行うような手間もかかりません。

　さらに、SEOの面でも効率がいいと言われます。ほかの手法ではパソコン用、モバイル用で2つのページをGooglebotにクロールさせる必要があるのに対し、レスポンシブウェブデザインでは1つのページで済むため効率よくクロールできることが、その理由です。

　レスポンシブウェブデザインが話題になり始めた当初は、ほかの手法に比べて必要とされる技術レベルが高かったため、導入のハードルもやや高くなっていました。しかし、今ではWordPressなどのCMSのテンプレートでも簡単に導入でき、ノウハウを持つ制作会社も増えたため、身近な手法になっています。

　ただし、既存のパソコン用サイトがあり、そのデザインは変えずにレスポンシブウェブデザインにしたいという話になると、とたんに難度が上がります。1つのHTMLファイルを使用する都合上、細かな表現にこだわることが難しい場合もあるため、表示方法やユーザーの動線が重要になるECサイトなどでは、レスポンシブウェブデザインは採用されてないこともあります。

第5章

SEO上のトラブル防止と対処の新法則

Search Consoleには、トラブルがあってもSEO効果を失わないようにするための機能や情報が充実しています。マルウェアやスパムによるトラブルへの対処や、「サイトの引っ越し」で起こりがちなトラブルを防ぐ方法など、サイト運営に欠かせないノウハウを解説します。

新法則 83

トラブル対処の準備

トラブルに対処する
社内の体制は万全か確認する

サイトのトラブルからSEOの効果を守るためにもSearch Consoleは活用できます。はじめに、万が一の事態に対処する社内の体制を確認します。

■ サイト担当者がトラブルの第一発見者になることもある

　サイト運営のトラブルでもっとも深刻なものといえば、マルウェアの感染やハッキングなど、セキュリティのトラブルです。また、SEOにおけるトラブルでは、サイトがGoogleからスパムと認定されてペナルティを受けることも、極めて深刻です。そのほかにもサーバーやネットワークの不具合など、さまざまなトラブルがあります。

　Search Consoleには、サイトでマルウェアやハッキングを検出したこと知らせる［セキュリティの問題］や、スパムが検知されGoogleにより対策されたことを知らせる［手動による対策］のレポート機能があり、このようなトラブルの検知や対処にも役立てることができます。

　セキュリティ対策は、サイト運営において必須の課題です。ニュースで報道されるような顧客情報の流出や、マルウェアにより顧客の財産に被害を与えてしまうような事件も他人事ではなく、そうなればSEOどころではありません。セキュリティのトラブルへの対処には技術的なスキルが求められるため、実際に手を動かすのはエンジニアの担当になりますが、Search Consoleを利用するサイト担当者やマーケッターもいち早く行動し、対処をリードする役割を担っていく必要があります。いざというときに備え、まずは社内の体制作りをしましょう。

◆ サイト運営やSEOで想定される主なトラブル

● 極めて深刻なトラブル
　・マルウェア感染、ハッキングなどセキュリティのトラブル
　・Googleからのペナルティ

● 対処が必要なトラブル
　・サーバーやネットワークの不具合
　・ソフトウェアやデータベースの不具合
　・クロールエラーの発生
　・インデックスの減少

第5章　SEO上のトラブル防止と対処の新法則

Search Consoleの役割は「通知」「情報収集」「再審査」

　Search Consoleでは、新法則5、6で解説したようにメッセージやメール通知として重要な情報を受け取ることができます。セキュリティの問題やスパムの影響があったときにもメッセージが届きますが、リアルタイム性は高くないため、Search Consoleだけに頼るわけにはいきません。運用担当のエンジニアが行う、サーバーの動作状況やアクセス状況の監視作業と並行して利用するものと位置付けます。

　いざトラブルが発生したときには、Search Consoleのメッセージで届くトラブルの情報や、各種のレポートが詳細な情報収集に役立ちます。新法則27を参考に、トラブル対処を担当するエンジニアは「フル」権限でユーザーとして追加しておきましょう。

　そして、検索結果から削除されるような重大なトラブルが起きたときには、サイトの復旧後、Googleに検索結果の表示への回復を依頼する「再審査」のリクエストをSearch Consoleから行う必要があります。

トラブル発生時、すぐに動ける体制を作る

　トラブル対処のために重要なことは、対応する担当者を明確にして連絡体制を作っておくことと、緊急対応として何をするのか、共通の理解を持っておくことです。

　連絡体制を作るため、エンジニアと、サイト担当者やマーケティング担当者など、サイト運営にかかわる部署間で複数人の担当者を決め、緊急連絡手段を共有しておきます。

　詳しくは新法則84で解説しますが、トラブル発生時にはサイトを隔離（一時閉鎖）してのメンテナンスが必要になる場合があります。どのようにしてサイトを隔離するか、メンテナンス告知画面にどのような情報を掲載するか、トラブル発生時の記録やデータのバックアップはどのように取るか、の3点について共有しておきましょう。

　サイトは顧客（ユーザー）との直接の接点でもあるので、広報やサポートなど、顧客対応の窓口となる部署との調整が必要になる場合もよくあります。緊急連絡手段を共有し、サイトを隔離する場合にどのようなメッセージを掲載するか、どのような窓口への問い合わせが想定され、対応のためにはどのような情報を共有する必要があるか、といった点を話し合っておきましょう。

関連		
新法則84	トラブル時はSEOへの悪影響を抑えつつサイトを隔離する	P.196
新法則85	サイト遮断と全体復旧でセキュリティの問題に対処する	P.198
新法則87	原因究明と再発防止で重大なペナルティに対処する	P.204

新法則 84

サイトの隔離

トラブル時はSEOへの悪影響を抑えつつサイトを隔離する

セキュリティの問題などでサイトを一時的に隔離することがあります。そのときはHTTPステータスコード「503」を使ったメンテナンス表示をしましょう。

■「一時的にアクセス不能」の状態にする

　トラブル発生時には、緊急対応としてサイトを「隔離」する必要があります。具体的には、サーバーを停止したりネットワークから遮断したりするのではなく、サーバーからHTTPステータスコード「503」を返し、「一時的にサービス利用不可な状態である」と知らせるようにします。単純にサーバーを停止したり、アクセス不能な状態にしたりしてHTTPステータスコード「404」（未検出）の状態にすると、Googleのデータベースからサイトが削除されてしまうおそれがあるので、避けましょう。

　HTTPステータスコード「503」を返すには、次のページのコードの内容を「.htaccess」というファイル名で保存し、サイトのルートディレクトリに設置します。併せて、メンテナンス告知ページを「maintenance.html」という名前のファイルにしてルートディレクトリに設置します。このようなサーバーにアクセスする作業はエンジニアが行いますが、ほかの担当者も概要を知っておいた方がいいでしょう。

　なお、マルウェアの感染などでサイトにアクセスしたユーザーが攻撃を受けるおそれがあるときは、新規にHTTPステータスコード「503」を返すためのサーバーを立ち上げ、そちらのサーバーに一時的に移転する（DNSの情報を変更し、サイトへのアクセスを一時的なサーバーに向ける）ようにします。

「.htaccess」とは

本書では、もっとも一般的なサーバープログラム「Apache HTTP Server」を利用し、URLの文字列を書き換える「mod_rewrite」モジュールが利用できる環境を想定して、サーバーの設定の解説を行います。「.htaccess」は、Apache HTTP Serverを使ったサーバーでアクセスの制御などに使われる設定ファイルです。テキストでさまざまな設定項目を書き込み、通常はサイトのルートディレクトリに設置して使用します。

◆ サイト全体へのアクセスを「503」にする「.htaccess」の例

```
ErrorDocument 503 /maintenance.html         1

<IfModule mod_rewrite.c>                    2
    RewriteEngine On
    RewriteCond %{REQUEST_URI} !=/maintenance.html
    RewriteRule ^.*$ - [R=503,L]
</IfModule>
```

1 でHTTPステータスコード「503」のエラーページとしてmaintenance.htmlを指定。以下のコード **2** では、mod_rewriteモジュールによってサイトのすべてのURL（maintenance.htmlそのもの以外）へのアクセスに対してHTTPステータスコード「503」を返している。

メンテナンス告知ページでは詳しすぎない範囲で事実を説明

　メンテナンス告知ページでは、現在サイトが利用できない旨の告知と、なぜメンテナンスをしているのかの説明、メンテナンスの終了予定日時を最低限の情報として記載します。あくまでも緊急告知なので、デザインされている必要はありません。

　「現在トラブルが発生しており、メンテナンス中です」といった一文に加え、「サイトの表示に不具合が発生したため復旧作業をしています」「サイトから悪意のあるソフトウェアが検出されたため対処しています」のような説明文を書きます。虚偽を書いてはいけませんが、詳しく書きすぎると攻撃者への情報提供にもなるので、簡潔に事実を書きます。終了予定日時は大まかな目処を知らせるか、未定ならば「未定です」と書きましょう。

復旧後は［インデックスステータス］画面などを確認する

　サイトが復旧したら、Googleのインデックスに影響が出ていないかをSearch Consoleで確認します。まず［インデックスステータス］画面で、［インデックスに登録されたページの総数］に急激な減少がないことを確認しましょう。

　次に［クロールエラー］画面で［サーバーエラー］タブのグラフを確認します。メンテナンス中に大量のエラーが発生していても、問題なく復旧できていれば、メンテナンス終了後にはグラフの高さが徐々に戻っていくので、平常時の状態に戻るまで継続的に確認します。

関連 　新法則83　トラブルに対処する社内の体制は万全か確認する……………………………………P.194

新法則 85

セキュリティ問題への対処

サイト遮断と全体復旧で
セキュリティの問題に対処する

マルウェアやハッキングなど、セキュリティの問題は突然発生します。冷静に対処するため、やるべきことを把握しておきましょう。

■ サイトを遮断後、情報を収集し原因を特定する

　マルウェアの感染やハッキングによるサーバー乗っ取りなど、サイトに深刻なセキュリティの問題が発生すると、Search Consoleからメッセージが送られます。同時にGoogleでは、検索するユーザーを守るため検索結果にサイトを表示しないようにします。このとき、サイト担当者はセキュリティの問題を解決し、Googleに再審査をリクエストして、検索結果に復帰させる必要があります。そのために必要なことを解説します。

　まず、サイトを訪問するユーザーに悪影響を与えないよう、最初にサイトを隔離します。新法則84を参考に行ってください。

　次に、情報を収集して原因を特定します。これには「Googleセーフブラウジング診断」を利用しましょう。ブラウザー（Google Chrome以外でも可）のアドレスバーに、下で紹介する例のようにURLを入力してアクセスすることで、マルウェアの感染を媒介したか、

◆ Googleセーフブランジング診断を利用する

「http://www.google.com/safebrowsing/diagnostic?site=www.ayudante.jp」のように、調べたいURLを末尾に入力してアクセスすると、入力したURLのセキュリティに関する情報が表示される。

`URL` http://www.google.com/safebrowsing/diagnostic?site=○○

Googleが「疑わしい」と認識しているかどうかなどを確認できます。併せて、Search Consoleからのメッセージや、[セキュリティの問題]画面で、サイト内でどのような問題が認識されているのかを確認しましょう。

一般的な情報収集の方法としては、エンジニアがサーバーのログを調べて不審なアクセスの形跡（何度もユーザー認証でエラーになっているアクセスなど）をチェックしたり、ファイルを書き換えた形跡を探したりして原因を特定していきます。

情報の収集で重要なのは、以下の点です。

- マルウェアやハッキングなどの攻撃を受ける原因となった脆弱性は何か
- 攻撃により、どのような影響を受けたか
- 情報の流出やユーザーへの感染は起きていないか

復旧するときは全体を問題発生前のバックアップに戻す

原因を特定できたら、サイトの復旧作業を行います。この段階で行うべきことは、脆弱性を修復したうえで、バックアップからサイト全体を復旧することです。

攻撃の原因となった脆弱性はもちろん、今後攻撃の対象となりうる脆弱性を修復するため、サーバーのOSやサーバープログラム、CMSなどをすべて最新版に更新します。レンタルサーバーでは、その事業者によって最新のOSやサーバープログラムに更新されているはずですが、CMSの更新は必ず自社で行いましょう。

そのうえで、問題の箇所だけを修復するのではなく、全体をトラブル発生前の、安全が確認できる最新のバックアップを使って復旧します。発見されたものだけが問題のすべてだとは限りません。未検出の問題も考慮し、すべてを戻す方が安全です。

以上の復旧作業が完了してサイトを隔離から戻し、新法則3を参考に[Fetch as Google]でGoogleがサイトを取得できるか確認しておきましょう。

すべての対処が完了したら、Search Consoleの[セキュリティの問題]画面から、Googleへ再審査をリクエストします（問題が発生していないときには再審査のためのリンクは表示されません）。どのような対策をとったかの説明を求められるので、情報をエンジニアと共有しておきましょう。

マルウェアに感染した場合は、Googleから問題ないと判断されれば、約1日後にサイトのセキュリティの警告が解除され、Googleの検索結果にも通常通りに表示されるようになります。ハッキングの場合は手動での調査を行うため、最大で数週間かかる場合があるとされています。

関連 新法則83 トラブルに対処する社内の体制は万全か確認する……………………P.194
新法則87 原因解明と再発防止で重大なペナルティに対処する……………………P.204

新法則 86

品質に関するガイドライン

Googleのガイドラインを知り意図しないスパム行為を避ける

Googleが公開している「品質に関するガイドライン」をあらためて確認しましょう。スパムを避ける基礎知識になります。

■ Googleが提示する「避けるべき手法」

　Googleでは、スパムなどの不正行為を抑止するためのガイドラインとして「品質に関するガイドライン」を公開しています。

　古い時代のSEOでは、「スパムすれすれの手法ほどSEO効果が高い」といった感覚もあったかもしれません。しかし現在では、訪問するユーザーの利便性を第一に考えたサイト作りが、適切なSEOとしても評価されるようになっています。そのため、正しいSEO施策をしていれば、スパムをおそれる必要はないと考えられます。しかし、誤って意図しないスパム行為をしてしまわないよう、品質に関するガイドラインをよく理解しておきましょう。

　ガイドラインには「基本方針」と「具体的なガイドライン」があり、基本方針としては、次の4つの内容が挙げられています。

　いずれも当たり前のことなので、あらためて説明する必要はないでしょう。3つ目の不正行為についての項目では、「ユーザーにとって役立つかどうか、検索エンジンがなくても同じことをするかどうか、などのポイントを確認してみてください。」とも述べられています。

◆ 品質に関するガイドライン（基本方針）

- ユーザーの利便性を最優先する
- ユーザーをだまさない
- 掲載順位を上げるための不正行為をしない
- サイトの独自性や魅力を出し、ほかのサイトと差別化する方法を考える

コンテンツやリンクに関する13のガイドライン

「具体的なガイドライン」には使用を避けるべき手法が挙げられており、現在ではあまり見かけなくなった古典的なスパムを含めた13の手法が紹介されています。これらは、大きく次の3つのグループに分けられます。

◆ 品質に関するガイドライン（具体的なガイドライン）

- **コンテンツの無断複製、質の低いコンテンツ**
  - コンテンツの無断複製
  - オリジナルのコンテンツがほとんどまたはまったく存在しないページの作成
  - 十分な付加価値のないアフィリエイトサイト
  - コンテンツの自動生成
  - ページへのコンテンツに関係のないキーワードの埋め込み

- **上位掲載を目的とした不正なリンク**
  - リンクプログラムへの参加
  - 隠しテキストや隠しリンク

- **その他の不正行為**
  - クローキング
  - 不正なリダイレクト
  - リッチスニペットマークアップの悪用
  - Googleへの自動化されたクエリの送信
  - フィッシングや、ウイルス、トロイの木馬、その他のマルウェアのインストールといった悪意のある動作を伴うページの作成

コンテンツの無断複製や質の低いコンテンツはNG

1つ目のグループは、コンテンツに関するものです。このグループのスパムは「労力をかけずにコンテンツを作ろう」などと意図していない限り、誤って作ってしまう可能性は低いと考えられます。ただ、コンテンツの作成を外注するときには、外注先の事業者により無断複製などの不正行為が行われないよう注意が必要です。

ガイドラインの「コンテンツの無断複製」や「オリジナルのコンテンツがほとんどまたはまったく存在しないページの作成」は、ほかのサイトからの無断複製や、ゲストブログからの寄稿の体裁を取った低品質な記事など、サイトの独自性がない記事を指します。

「十分な付加価値のないアフィリエイトサイト」も同様に、そのサイトならではと言える情報が何もないような内容の薄いサイトが該当します。

「コンテンツの自動生成」は、プログラムでコンテンツを大量に自動生成し、検索エンジンからの流入を狙うものです。ほかのサイトの記事を収集して適当に並べ替えるなどして、人間が読んでも意味がわからない文章を生成するプログラムも存在します。「ページ

次のページに続く

へのコンテンツに関係のないキーワードの詰め込み」は、文章が不自然になるほど同じ単語を大量に記述したり、ページ内に関係のない単語を並べたりする古い手法です。

このほか、人気があるキーワードのランディングページとして上位表示され、訪問したユーザーを別のページに誘導することを狙って作られる、そのページ自体には内容がない「誘導ページ」もスパムの一種と見なされます。

上位表示を目的とした不正なリンクを利用してはいけない

2つ目のグループはリンクに関するものです。ここまでの新法則でも何回か触れていましたが、あらためて確認しましょう

「リンクプログラムへの参加」とは、上位表示を目的としてリンクを張る行為全般を指しています。リンクの売買や、上位表示を目的に協定を結んで行う「過剰なリンク交換」が代表的なものですが、そのほかにも、投稿を集めるキャンペーンでキーワードを大量に盛り込んだアンカーテキストの利用を求めたり、外部にサイトを立ち上げ、自サイトへのリンクを大量に生成したりすることも対象となります。

「隠しテキストや隠しリンク」は、背景と同じ色にしたり、フォントサイズを0にしたりして、人間には読めずGooglebotだけが解釈できるようにリンクを記述する不正行為です。

Googleが挙げるその他の不正行為も知っておく

ページの評価への影響がわかりやすいコンテンツとリンク以外にもさまざまなスパムがあります。まず「クローキング」は、人間（ブラウザー）のアクセスと検索エンジンのクローラーを判別して、別々のコンテンツを見せる行為です。ブラウザーからのアクセスには普通のページを表示し、Googlebotのアクセスに対してはキーワードを詰め込んだページを見せる、といったものが典型的なクローキングです。検索するユーザーはGooglebotがクロールして収集したデータを期待してアクセスしますが、実際には違うページを見せられることになり、ユーザーの予想とは違う結果となってしまうことから、ガイドライン違反だと見なされます。

「不正なリダイレクト」は、ブラウザーとGooglebotで別のコンテンツへリダイレクトさせるものです。「クローキング」と同様の目的で「不正なリダイレクト」が使われる場合もあります。

「リッチスニペットマークアップの悪用」は、ページのコンテンツとは異なるデータを構造化データとしてHTML文書内に持たせるなど、適切ではない構造化データの利用方法を指します。「Googleへの自動化されたクエリの送信」とは、機械的に検索クエリをGoogleに送る行為全般です。Googleのサーバーに負担をかけたり、あるキーワードの検索ボリュームを不当に増やしたりといった悪影響があります。

最後の1つのガイドラインは「フィッシングや、ウイルス、トロイの木馬、その他のマ

ルウェアのインストールといった悪意のある動作を伴うページの作成」です。これは説明するまでもなく、訪問したユーザーに不利益を与えることになります。

　以上のガイドライン違反のうち、自分たちで意図せず行ってしまう可能性が高いのは「クローキング」や「不正なリダイレクト」です。モバイル対応のため利用デバイスを判別してパソコン用とスマートフォン用で別々に用意したページを見せようとするとき、同じコンテンツをそれぞれの表示に最適化した見せ方にするのは推奨されていますが、Googlebotのみに対して異なるコンテンツを見せるのは「クローキング」と疑われる可能性があるため注意しましょう。

URL ウェブマスター向けガイドライン　http://support.google.com/webmasters/answer/35769

関連
新法則64　サイトの記事を簡単に構造化してGoogleに知らせる……………………………P.150
新法則87　原因解明と再発防止で重大なペナルティに対処する………………………… P.204

Google日本法人が違反を指摘されたこともある

Googleのガイドラインは厳格に運用されており、過去にはGoogle日本法人がガイドライン違反を指摘されて話題になったこともあります。もちろん意図的なスパムではなかったはずですが、どのような企業でも意図しないガイドライン違反は起こりうることだと言えます。

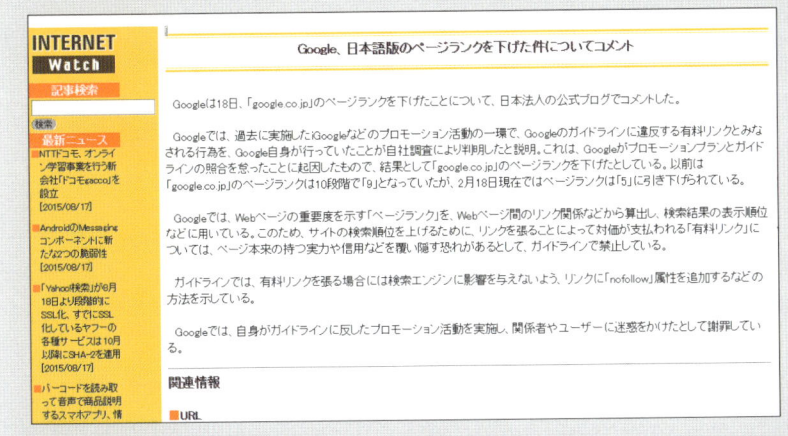

2009年、Google Japanの実施したキャンペーンが有料リンク（リンクプログラムの一種）と判断され、ペナルティとしてPageRankを下げられたことがあった。

URL http://internet.watch.impress.co.jp/cda/news/2009/02/18/22494.html

新法則 87

「手動による対策」への対処

原因解明と再発防止で重大なペナルティに対処する

スパムの影響を受けてGoogleから「手動による対策」がされた場合の対処を知っておきましょう。影響を取り除くことと、再発防止策が重要になります。

■ ガイドラインと照らし合わせて原因を特定する

　サイト内に悪質なスパムが見つかったり、外部サイトのスパムの影響を受けていると判定されたりすると、Googleから「手動による対策」が行われることがあります。

　スパムへのペナルティ（対策）には、アルゴリズムにより行われる掲載順位の低下などの「自動」の対策と、Googleのスタッフが「手動」で行う対策があり、「手動による対策」は、検索結果に表示されなくなるなどの重いペナルティが課される場合があります。「手動による対策」によって検索結果に表示されなくなったとき、サイト管理者はサイトからスパム（または外部のスパムからの影響）を取り除き、Googleに再審査をリクエストして、検索結果に復帰させる必要があります。

　故意に悪質なスパム行為を続けていた場合でもない限り、まず遭遇するものではありませんが、ペナルティを受けたサイトの運営を引き継いだりする可能性も考えられ、最悪のケースを切り抜ける方法を知っておくことは必ず役立ちます。対処の原則を理解しておきましょう。

　最初に情報を収集し、手動による対策が行われた原因を特定します。[手動による対策]画面や、手動による対策を知らせるメッセージを確認し、どのようなスパムとして認識され、対策が行われたのかを確認しましょう。ここで得られる情報は、影響はサイト全体なのか、一部なのかという範囲と、手動による対策を行った［理由］、そして［対象］の3点です。これらの情報と、新法則86で解説したGoogleの「品質に関するガイドライン」をヒントに、どこに、どのような問題が起きているのかを特定します。

　例えば、新法則65で解説した外部リンクのスパムが原因で手動による対策を受けたときは、「不自然なリンク」が通知されます。この場合は、新法則65を参考に［サイトへのリンク］画面でスパムの可能性がある外部リンク元を確認し、リンク元のサイト管理者にリンクをはずしてもらうよう依頼します。応じてもらえなかったり、反応がなかったりする場合は、新法則91を参考に自社サイト側で「リンクの否認」を行います。

第5章 SEO上のトラブル防止と対処の新法則

◆ スパムを指摘するメッセージの例

操作手順 検索トラフィック ▶ 手動による対策

```
手動による対策
サイト全体の一致
なし
部分一致
▼手動による対策が特定のページ、セクション、リンクに提供されます
理由                                                                        対象
このサイトへの不自然なリンク、リンクに影響                                    参照リンク
他サイトからこのサイトへの不自然なリンク操作が検出されました。一部のリンクはウェブマスターが制御できない可能性があるため、この件に関してGoogleで
は全体のランキングではなく不自然なリンクに対して必要な対策を実施しました。詳細

再審査をリクエスト
```

スパムを指摘するメッセージの一例。スパムと判定されているのはサイト全体なのか一部なのか、どのような内容なのかが指摘される。

再発防止策をとってから再審査を依頼する

　ペナルティの対象となるコンテンツやスパムの影響を取り除くことができたら、今度はその問題がなぜ発生したのかを調査します。購入した有料リンクが原因だったら、認識不足や過失によるもの、また、前任者や別の担当者による購入などが考えられます。

　スパムのペナルティを解除するための再審査のリクエストでは、ガイドライン違反の状態を取り除いたことと、修正のために何を行ったか、文章による説明をする必要があります。その内容には、スパムの影響を取り除いたことと併せて、原因と再発防止策を説明することが求められます。せっかくペナルティを解除しても、繰り返されるようならば意味がないということです。

　前任者の認識不足によるものであれば、担当者が変わり、品質に関するガイドラインを担当者内で共有することで、再発防止を図ることはできるでしょう。

　［手動による対策］画面から再審査のリクエストを行うと、手動による調査が行われ、承認または非承認の返信が行われます。リクエストの処理には、最大で数週間かかるとされています。

関連	新法則83	トラブルに対処する社内の体制は万全か確認する	P.194
	新法則85	サイト遮断と全体復旧でセキュリティの問題に対処する	P.198

新法則 88

アクセスできない問題への対処

「アクセスできません」と表示されたら所有権を確認する

「プロパティ（サイト）にアクセスできません」というメッセージには驚かされますが、深刻な問題ではありません。所有権を確認しましょう。

■ 所有権は常に確認できる状態にしておく必要がある

　ここからは、セキュリティの問題や手動によるスパム対策よりは緊急度が低いものの、Search Consoleからメッセージが届く、注意が必要な問題について解説します。

　［このプロパティにアクセスできません。このプロパティを確認するか、プロパティ所有者にユーザーとして追加するよう依頼してください。］というメッセージが表示されることがあります。Search Consoleでは追加しているサイトを「プロパティ」と呼ぶことがあり、一瞬ドキッとするメッセージですが、これは必ずしもサイトが（ブラウザーで）アクセス不能になっているという意味ではありません。Search Consoleが利用者（自分）に対し、サイトの所有権の確認ができなくなっていることを知らせています。

　サイトの所有権は最初に追加したときだけでなく、常に確認可能になっている必要があります。HTMLファイルによって所有権を確認している場合は、確認用のファイルを削除したり、Googleからのアクセスを拒否したりしていないか、そのほかの方法の場合は記述を削除していないか確認しましょう。

　次のページの手順を参考にあらためて所有権の確認を行うことで、この問題には対処できます。閉鎖したサイトなど、すでに管理する必要がないサイトの場合は、ホーム画面からサイトを削除することも可能です。

「新しい所有者」に注意する

Search Consoleで管理しているサイトに新しく「オーナー」として所有権が確認されたユーザーがいると、「（サイトのURL）の新しい所有者を追加しました」というメッセージが届きます。メールアドレスが表示されるので、どのような人物で、どのような事情で追加したのかを社内で確認します。事情を知る人がおらず不明な場合は、不正アクセスと考えられます。新法則26を参考に所有権を削除し、アクセスの遮断などの対策をとりましょう。

第5章 SEO上のトラブル防止と対処の新法則

◆ サイトの所有権を再確認する

> ホーム画面を表示しておく

> ［このプロパティにアクセスできません。］というメッセージが表示された

> ［プロパティの管理］をクリック

> ［(ドメイン名)の所有権を確認します。］が表示された

> 「基本2」の手順を参考に、あらためて所有権を確認する

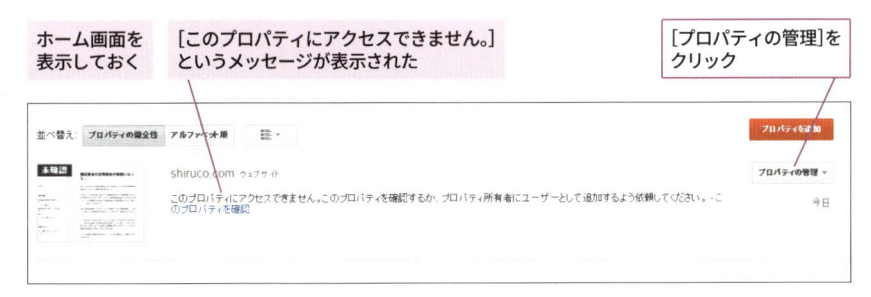

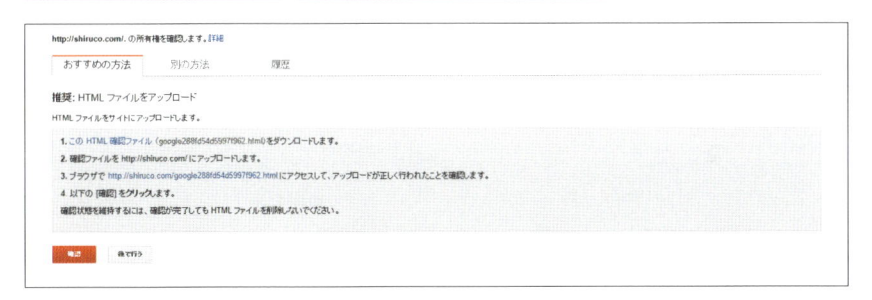

関連	基本2	Search Consoleにサイトを追加する	P.20
	新法則27	追加するユーザーには必要最低限の権限を設定する	P.76

所有権確認の履歴を調べておく

［(サイトのURL)の所有権を確認します。］の画面で［履歴］をクリックすると、過去に行った所有権の確認や、所有権が失われたときの履歴が表示されます。身に覚えのない操作がないか確認しておきましょう。

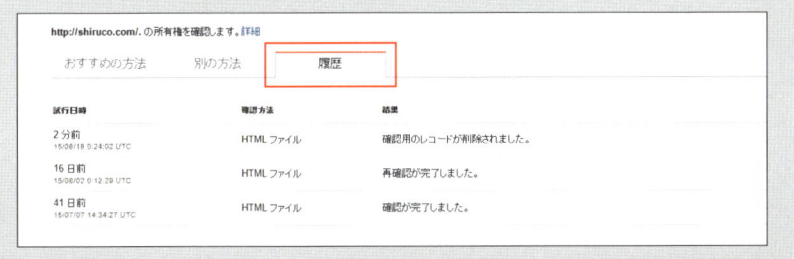

ハッキングなどが疑われる、サイトの所有権に関する身に覚えのない操作が［履歴］に残っていないか確認しておく。

第5章 SEO上のトラブル防止と対処の新法則

新法則 89

CMSの更新への対処

セキュリティのため早急な CMSの更新は必須と心得る

Search Consoleのメッセージで、サイトで利用しているCMSの更新を促されることがあります。できるだけ表示される前に対応しましょう。

■ 脆弱性を狙った攻撃を未然に防ぐ

　Googleでは、Googlebotがクロールして判別できる範囲で、サイトに使われるCMSのバージョンを認識しています。そして、最新バージョンではないと判断した場合は「取得できる最新のバージョン」として、最新バージョンへの更新を促すメッセージを表示します。

　「WordPress」「Drupal」「Joomla!」などのCMSは、頻繁にセキュリティ向上のための更新が行われていますが、一方で、大規模な攻撃の対象になりやすいCMSでもあります。すぐに最新バージョンに更新しましょう。

　Googleによると、これらのCMSを導入しているサイトの担当者に更新を知らない人や気付かない人もいることを考慮して、Search Consoleでメッセージを送っているようです。しかし、本来であれば、メッセージで知らされる前に更新しておくべきです。自社サイトで利用しているCMSについて、CMSの管理画面や提供元のサイトなどから更新情報を得るとともに、更新の方法を確認しておきましょう。

　なお、Googlebotは、サイトのHTMLなどからCMSの情報を取得しますが、CMSを利用してサイトを制作するときには、バージョン情報がわかることで攻撃されやすくなるという考えから、生成するHTMLにバージョン情報を記述しないようにしている場合もあります。バージョン情報の扱いは企業のセキュリティポリシーにより異なりますが、古いバージョンを使っていてもメッセージが届かない場合は、隠されている可能性があります。

◆ 可能な限り最新版のCMSを使う

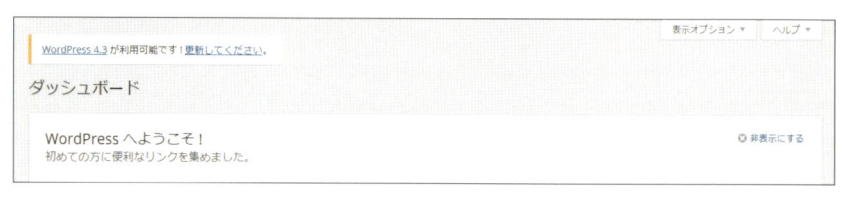

WordPressの場合、通常だと小規模な更新は自動で行われる。しかし、メジャーバージョンアップなどの大きな更新は手動で行う必要があるため、忘れずに対応する。

新法則 90

多くのURLが検出された問題の対処

多くのURLが検出されたら
ブロックや正規化で対策する

「多くのURL」についてのメッセージは、その意味を正しく解釈することが重要です。クロールが困難な状況にならないよう、クロールするべきURLを減らします。

■ 無意味なURLがクロールを妨げる

　［サイトで非常に多くのURLが検出されました］というメッセージは、単純に「ウェブページが増えました」という意味ではありません。多くのURLパラメータが使われるページで、大量のURLが生成されてしまっているときに、この警告が表示されます。

　例えば、オンラインショップのカタログページで「http://example.com/catalog/?type=1&sort=price&type2=b&type1=a」のように大量のURLパラメータの組み合わせがあるとき、内容はほとんど同じにもかかわらず、URLが大量に検出されることがあります。このようなとき、Googlebotは大量のURLをクロールしてしまい、ほかの重要なページがクロールされなくなってしまう可能性があります。

　GooglebotはURLパラメータ（新法則20を参照）を自動的に分析し、クロールする必要があるURLを選別できる機能を持っていますが、サイト側で対策をとることで、無意味なクロールを避けることも可能です。

　方法の1つは、新法則18を参考にrobots.txtを利用して、URLパラメータを利用している基のプログラムへのクロールをブロックする方法です。サイト内検索やブログ記事のタグ一覧など、その全体が検索される必要のないものならば、この方法が有効です。

　もう1つは、新法則53を参考にURLを正規化する方法です。オンラインショップのカタログページなどはインデックスされ、検索可能な状態にしておく必要があるので、URLの正規化によって対策するのが適切です。

関連
新法則18　robots.txtは設置前に必ず動作テストをする……………………………… P.58
新法則19　「noindex」で、ページのインデックスを拒否する……………………… P.61
新法則20　誤って公開した機密情報は検索結果からの削除を申請する……………… P.62
新法則53　大量の重複は設定やCMSの問題を疑う…………………………………… P.128

第5章　SEO上のトラブル防止と対処の新法則

新法則 91

リンクの否認用リストの作成

SEOに悪影響がある外部リンクをリスト化する

サイトの評価を下げる外部リンクへの対処方法に「リンクの否認」があります。この役割と、否認のためのリストの作り方を解説します。

■ リンク元に削除依頼が受け入れてもらえないときの最終手段

　適切な外部リンクはページの評価を上げますが、有料で購入した外部リンクや上位表示を目的として張られた外部リンクなど、スパムと判定され評価を下げる結果になるリンクもあります。

　新法則66で、不適切な可能性のある外部リンクのチェックについて触れました。また新法則86、87では、品質に関するガイドラインとスパムについて解説しました。サイトの評価を下げSEOに悪影響があると考えられるリンクや、「不自然なリンク」だと明確に指摘された外部リンクは、取り除く必要があります。

　ここでは、外部リンクを拒否する方法として、Search Consoleの「リンクの否認」機能について解説しますが、Googleでは、これは最終手段であるとしています。まずはリンク元のサイト担当者に対して、リンクの削除や、リンクの評価を無効にする「a」要素の「rel="nofollow"」属性を付ける修正を依頼しましょう。

　依頼を受け入れてもらえない場合は、「リンクの否認」機能を利用します。最初に、否認したいリンク元のURLをまとめて、リンクの否認用リストを作成しましょう。

　リストの作成には新法則65で解説した［サイトへのリンク］画面からデータをダウンロードして利用するのが便利です。次のページの手順を参考にリンク元ページの一覧をダウンロードし、ここから否認するURLをピックアップします。1行に1件ずつ否認するURLを書いていきますが、ドメイン全体を否認したい場合には「domain:○○.com」のように記述することも可能です。また行頭に「#」を付けてコメントの記述もできます。

　作成したリンクの否認用リストは拡張子「.txt」のテキストファイル形式、文字コードは「UTF-8」で保存します。リストが作成できたら、「リンクの否認」を実際に利用しましょう。次の新法則92で解説します。

関連
新法則65　外部リンクの集まり方を見てサイトの現状を把握する……P.154
新法則92　悪影響がある外部リンクをGoogleに送って否認する……P.212

◆リンクの否認用リストを作成する

操作手順 検索トラフィック ▶ サイトへのリンク

新法則65を参考に[すべてのドメイン]画面を表示しておく

①[その他のサンプルリンクをダウンロードする]をクリック

②[ダウンロード形式の選択]が表示されたら[CSV]をクリックして[OK]をクリック

ドメイン	リンク	リンクされているページの数
hatena.ne.jp	255,890	1,114
ganref.jp	104,557	13
202.218.0.13	48,008	47
impress.co.jp	38,455	2,794
dosv.jp	4,206	1
seesaa.net	4,126	96
yahoo.co.jp	2,279	404
ceron.jp	1,925	168
goo.ne.jp	1,352	266
ameblo.jp	1,123	269
okiringi.or.jp	1,009	1
ingsnet.co.jp	986	1
okwave.jp	869	212

CSV形式のファイルがダウンロードされる

テキストエディターを利用して、リンクの否認用リストを作成する

「domain:(ドメイン名)」と入力するとドメイン全体を否認できる

```
#ドメインを拒否
domain:example.com

#URLを個別に拒否
http://example.jp/common/special/starry2014/
http://example.jp/dcm/mag/09_11/70-200/
http://example.jp/dcm/mag/10_10/
http://example.jp/dcm/mag/10_11/
```

否認するURLを1行ずつ入力する

ファイルを保存するときは[文字コード]に[UTF-8]を選択する

新法則 92

リンクの否認

悪影響がある外部リンクをGoogleに送って否認する

新法則91で作成したリンクの否認用リストを、Search Consoleでアップロードします。否認する内容の修正や削除（取り消し）も可能になっています。

■ 対象サイトのインデックス更新時に否認の効果が反映される

　リンクの否認を実行するため、下の手順を参考にリンクの否認用リストをアップロードしましょう。リストをアップロードしたあと、リスト内のURLのページがクロールされ、インデックスが更新されるときに、リンクの否認が反映されます。そのため、実際に外部リンクが否認されるまでは数週間程度かかることもあります。

　否認が反映されても、［サイトへのリンク］画面（新法則64を参照）には外部リンクの情報が表示され続けるので、反映を正確に確認することはできません。新法則87で解説した「手動による対策」を受けてスパムのリンクを否認したときは、再審査のリクエストを送信するときに、当該サイトのリンクの否認をしたことを説明しましょう。

　なお、リンクの否認は最後にアップロードしたリストの情報に基づいて行われます。誤ったリストをアップロードしてしまった場合は、再度アップロードし直しましょう。また、リストの追加や削除をしたい場合も、編集してアップロードし直します。

◆ リンクの否認用リストをアップロードする

リンクの否認
http://www.google.com/webmasters/tools/disavow-links-main

1 リンクの否認をするサイトを選択する

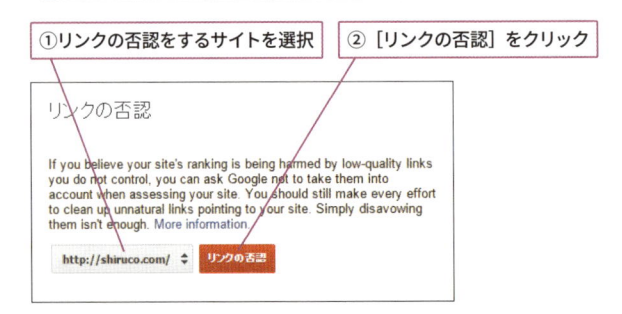

①リンクの否認をするサイトを選択
②［リンクの否認］をクリック

第5章 SEO上のトラブル防止と対処の新法則

❷ リンクの否認用ファイルをアップロードする

注意書きが表示された　　① ［リンクの否認］をクリック

リンクの否認

これは高度な機能なので、慎重に使用する必要があります。使い方を間違えると、Google 検索結果でのサイトのパフォーマンスに悪影響が及ぶ可能性があります。ご自分のサイトに対して、スパム行為のあるリンク、人為的リンク、品質が低いリンクが数多くあり、それが問題を引き起こしていると確信した場合にのみ、サイトへのリンクを否認することをおすすめします。

リンクの否認

② ［ファイルの選択］をクリックし、新法則91で作成したリンクの否認用ファイルを選択

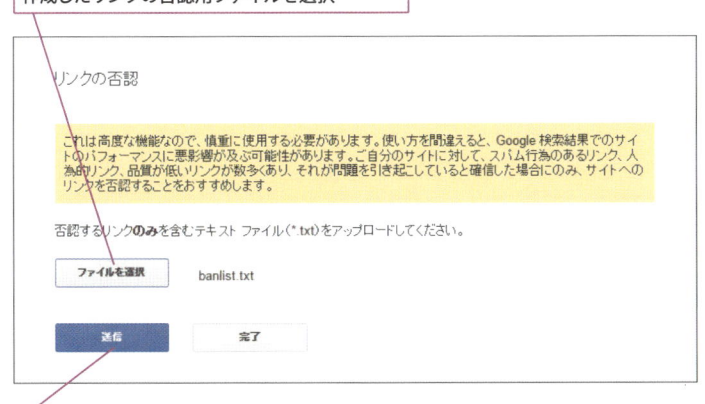

リンクの否認

これは高度な機能なので、慎重に使用する必要があります。使い方を間違えると、Google 検索結果でのサイトのパフォーマンスに悪影響が及ぶ可能性があります。ご自分のサイトに対して、スパム行為のあるリンク、人為的リンク、品質が低いリンクが数多くあり、それが問題を引き起こしていると確信した場合にのみ、サイトへのリンクを否認することをおすすめします。

否認するリンク**のみ**を含むテキスト ファイル(*.txt)をアップロードしてください。

ファイルを選択　　banlist.txt

送信　　完了

③ ［送信］をクリック

送信の結果が表示された　　［削除］をクリックするとアップロードしたファイルを削除し、リンクの否認を取り消せる

リンクの否認

これは高度な機能なので、慎重に使用する必要があります。使い方を間違えると、Google 検索結果でのサイトのパフォーマンスに悪影響が及ぶ可能性があります。ご自分のサイトに対して、スパム行為のあるリンク、人為的リンク、品質が低いリンクが数多くあり、それが問題を引き起こしていると確信した場合にのみ、サイトへのリンクを否認することをおすすめします。

次のファイルには否認済みのリンクのリストが含まれています。リストを編集するには [**ダウンロード**] をクリックしてください。

banlist.txt　　　　　　　　　　　　　　ダウンロード　削除

2015年8月19日 1:13:16 UTC+9 の送信の結果
リンクの否認ファイル(banlist.txt)のアップロードが完了しました。このファイルには 1 件のドメインと 4 件の URL が含まれています。

ファイルを選択

送信　　完了

④ ［完了］をクリック

第5章　SEO上のトラブル防止と対処の新法則

新法則 93

サイト移転のパターンと流れ

SEO効果を失わない
サイト移転の方法を理解する

サイトの移転やリニューアルでは「SEO効果を失わないこと」が大事です。作業の流れの中で、SEOの評価を受け継ぐことを意識します。

■ 旧サイトの評価を適切に引き継ぐことがポイント

「サイトを引っ越したらSEO効果が落ちた」という経験はないでしょうか？ サイトのドメインの移転や、サーバーの移転、大規模なリニューアルなど、サイトの「引っ越し」に相当する作業は、サイトの運営を続けていればどこかで行うことになるものです。このとき、ただ移転するのではなく、これまでに積み上げてきたサイトの評価（SEO効果）を失わないよう、うまく引き継ぐことを考えましょう。

検索エンジンからの評価はURLを基準に蓄積されていくものなので、コンテンツとしては同じでも、URLが変われば評価はゼロに戻ってしまいます。これはサイト担当者にとって損失となるのはもちろんですが、ユーザーにとって価値の高いサイトの評価がゼロに戻ることは、検索サービスを提供するGoogleにとっても損失となります。そこでGoogleでは、適切なサイト移転に関する情報を公開したり、Search Consoleでサイト移転関連の機能を提供したりしています。これらをうまく活用しましょう。

ポイントになるのは、旧URLから新URLへの移転を、適切な方法でGoogleに知らせることです。移転によりURLが変わっても、新旧のURLの対応が検索エンジンにわかるようにすれば、評価を引き継ぐことができます。移転を知らせる具体的な方法は、新法則95で解説します。

◆ 移転を知らせて新URLにSEOの評価を引き継ぐ

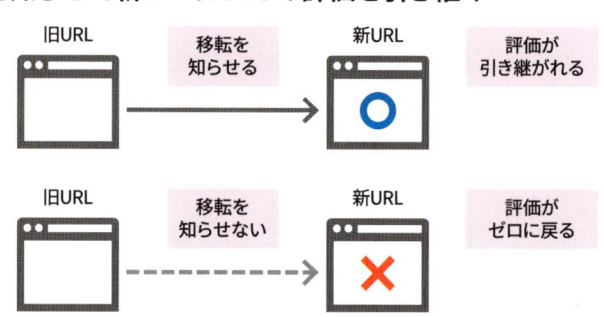

旧URL → 移転を知らせる → 新URL ○ → 評価が引き継がれる

旧URL → 移転を知らせない → 新URL × → 評価がゼロに戻る

サイト移転には3つのパターンがある

　サイトの移転にはいくつかのパターンがあり、そのために必要な作業や注意すべきポイントが変わってきます。サイトの移転を始めるにあたって、以下の3パターンのどれに相当するかを確認してください。「ドメインの変更とサイト構造変更」のように2つ、または3つすべてのパターンの組み合わせになる可能性もあります。

①ドメインの変更

　独自ドメインを取得した場合、別のドメインに移転する場合など、サイトのドメインが変更になるパターンです。まったく異なるドメインに移転する場合のほか、サブドメインの変更（例：http://store.example.com/からhttp://shop.example.comへ）や、サイトのセキュリティを高める常時SSL化（例：http://example.comからhttps://example.comへ）も、ドメインの変更にあたります。このパターンでは新しいドメインをSearch Consoleに登録しておき、Search Consoleのアドレス変更ツールを利用して、現在のドメインから新しいドメインへの移転をGoogleに知らせます。

②サイト構造の変更

　リニューアルやコンテンツの見直しに伴って、ディレクトリやURLの構造が変わるパターンです。URLが変わるときには古いURLから新しいURLへのリダイレクトを適切に設定し、ユーザーにもGooglebotにも新サイトがスムーズに使えるように関連付ける必要があります。手間がかかる難しい作業になるので、慎重に行いましょう。

③サーバー環境の変更

　サイトを設置しているサーバーマシンやネットワーク環境を変更するパターンです。このパターンでは、サーバー環境が異なることによるプログラムやデータベースの不具合を起こさないようにすること、ファイルを適切に移転すること、DNSの切り替えなど、Search Consoleを利用するレベルとは異なる技術的な課題が中心になります。そのため、本書では簡単に触れるだけにとどめます。

サイトの常時SSL化とは

一般的な「HTTP」よりもセキュリティの高い「HTTPS」というプロトコル（通信手順）をサイト全体で採用することを「常時SSL化」と呼びます。「SSL」（Secure Socket Layer）は、インターネット上の通信を暗号化するための技術です。GoogleはSSLを利用しているサイトをランキングシグナル（順位評価の要因）にするとしており、SEOの観点からも注目されています。

次のページに続く

■ パターン別にサイト移転作業の流れを確認する

　下の図は、移転のパターンごとの大まかな作業の流れを表したものです。もっとも単純なのはサーバー環境の変更だけを行う場合で、新サイトを公開したあと、新旧サイトの状況を監視しながら旧サイトを閉鎖して、切り替えていけばOKです。

　サイト構造の変更を行う場合は、新サイトを公開する前にリダイレクトの準備をして、新サイトを公開後、旧サイトからのリダイレクトを行う作業が加わります。

　ドメインの変更を行う場合は、最初に新サイトのサーバーが動く状態にしておいて、新サイトのドメインをSearch Consoleに登録します。そして、新サイトを公開してリダイレクトも設定し、移転がひとまず成功したことが確認できたら、「アドレス変更ツール」（新法則99を参照）を利用してドメインの変更をGoogleに知らせます。

■ パターンの組み合わせにより具体的な作業は変わる

　下の図はあくまでも大まかな流れで、実際に行う作業はパターンの組み合わせによっても多少変わってくることに注意してください。サイト構造の変更だけを行い、サーバー環境の変更がない場合は「旧サイト」が存在しません。同じサイトの中で構造を変更し、その中でリダイレクトを設定することになります。

　また、ドメインの変更だけを行ってサイト構造は変えずに移転する場合と、サイト構造の変更も行う場合では、必要なリダイレクトの設定内容が大きく異なります。サイト構造の変更がなければ全URLのドメインをまとめて切り替えるような設定ができますが、サイト構造を変更する場合は、ディレクトリやページ単位で、細かなリダイレクトの設定が必要になります。詳しくは新法則97を参照してください。

◆ サイト移転作業の大まかな流れ

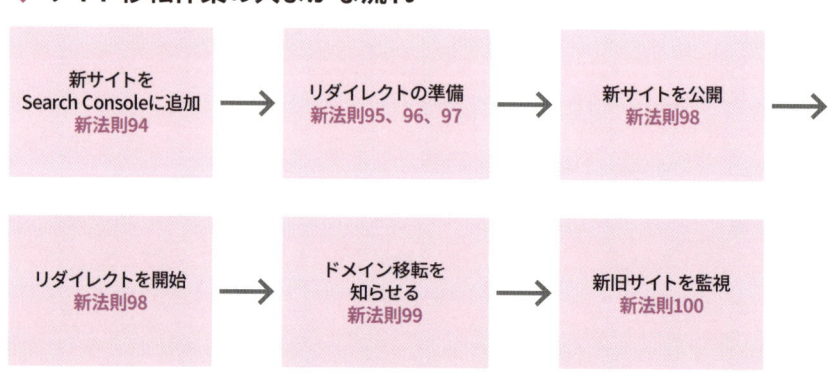

新サイトをSearch Consoleに追加　新法則94　→　リダイレクトの準備　新法則95、96、97　→　新サイトを公開　新法則98　→

リダイレクトを開始　新法則98　→　ドメイン移転を知らせる　新法則99　→　新旧サイトを監視　新法則100

新法則 94

新しいドメインの追加と確認

移転先のドメインは健全かをあらかじめ確認しておく

ドメインを変更する場合は、移転前に新しいドメインのサイトをSearch Consoleに登録しましょう。過去に問題がなかったかを確認できます。

■ドメインにペナルティなどの形跡がないか確認しておく

　利用するドメインが過去にも利用されていた場合、過去に同じドメインを利用していたサイトが問題を抱えていた可能性があります。もっとも注意が必要なのは、スパム行為でペナルティを受けていた可能性です。「手動による対策」によってサイト全体が重大なペナルティを課され、前の運営者がドメインを手放していたのだとしたら、何もしていないのに過去のペナルティを引き継いでしまい、非常にもったいないことになります。

　そのため、新しいサイトを登録したら、新法則87を参考に［手動による対策］画面で対策が行われていないか確認しておきます。もしも手動による対策が行われた状態だった場合は、別のドメインの利用を検討した方がいいでしょう。

　手動による対策を解除するためには再審査のリクエストを行いますが、Googleのスパムの再審査に関するガイドラインでは、手動による対策を受けたまま放置されたドメインが別の所有者に渡るようなケースは想定されていません。新しいサイトにまでペナルティを与えることはGoogleの本意ではないと考えられますが、どのような対応をされるかは、再審査をリクエストし、問い合わせてみなければわからない状況になります。

　もう1点、新法則19を参考に［URLの削除］画面で、過去に削除リクエストされたURLがないかも確認しておきましょう。もしもURLの削除リクエストが表示される場合は［再登録］をクリックして、検索結果から削除された状態を解除しておきます。このとき、そのURLにファイルを置く必要はもちろんありません。Googlebotはファイルが存在しないことを確認し、データベースから本当に削除します。

関連		
新法則87	原因解明と再発防止で重大なペナルティに対処する	P.204
新法則93	SEO効果を失わないサイト移転の方法を理解する	P.214
新法則98	新サイト公開前後に必要な作業をリストアップする	P.224

新法則 95

301リダイレクトの仕組み

SEO効果を引き継ぐ「301リダイレクト」を理解する

ドメインの変更やサイト構造の変更を伴う移転では、検索エンジンに対してURLが恒久的に変わることを「301リダイレクト」で知らせ、評価を引き継がせます。

■ これまで評価されていたページが移転したことが伝わる

　本書ではこれまでにも「リダイレクト」という言葉が何回も登場しました。ここでは、ドメインの変更やサイト構造の変更を伴うサイトの移転で使うことになる「301リダイレクト」について、あらためて解説します

　ウェブにおいて「リダイレクト」といえば、あるURLへのアクセスを別のURLに転送することを指し、そのための方法はいくつもあります。「301リダイレクト」は、新法則11でも解説したHTTPステータスコード301（恒久的移動）をアクセスしてきたブラウザーやGooglebotに返すことで、新しいURLへと転送する仕組みです。

　301リダイレクトにより、一般的なブラウザーはスムーズに新しいURLにアクセスでき、利用するユーザーは特別に意識することなく、移転先の新サイトのページを利用できます。そしてGooglebotは、HTTPステータスコードが301であることから「新しいURLに恒久的に移転した」ことを理解し、以前のURLへのリンクの評価を、新しいURLに引き継ぎます。これによって、ドメインやサイト構造が変わってもユーザーが戸惑うことなく、また、SEO効果を落とすことなく移転が可能になります。移転を知らせることができる点が301リダイレクトの特徴で、サイトの移転で301リダイレクトを使うべき理由です。

◆ 301リダイレクトでページごとの評価を引き継ぐ

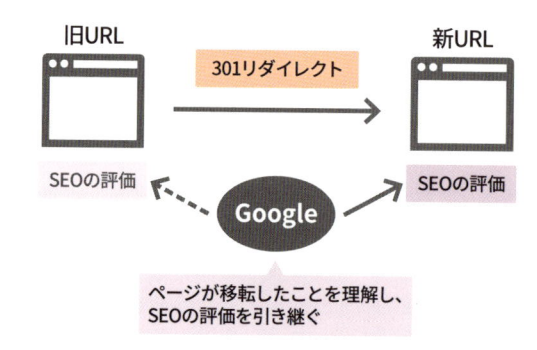

旧URL → 301リダイレクト → 新URL

SEOの評価 ← Google → SEOの評価

ページが移転したことを理解し、SEOの評価を引き継ぐ

新法則 96

移転するURLの整理

コンテンツの引き継ぎは対応表を作ってまとめる

サイトの移転にあたってコンテンツの見直しを行う場合は、新旧サイトでの対応を表にまとめましょう。トラブルのない移転のために必須になります。

■ SEO効果を最大限保持するための引き継ぎ方針をまとめる

　サイトの全コンテンツをそのまま移転するのではなく、リニューアルやコンテンツの整理を行う場合は、新旧のサイトでページがどのように対応し、どのようにリダイレクトするのかを整理する必要があります。サイトの移転でもっとも手間のかかる作業ですが、無駄や混乱を避け、スムーズに移転を成功させるには必須と考えてください。

　この作業のポイントとなるのが、Excelなどで新旧ページの引き継ぎ方針をまとめた対応表を作ることです。この作業は、関係部署と調整しながら、サイト担当者自身が主導しつつ取りまとめましょう。書き込む項目は、全体の通し番号、コンテンツの名前、旧URLと新URL、そして移転時の「処理」です。処理の内容は「維持」「移転」「新規」「削除」の4種類から選択します。

維持：URLを変更しない

　ドメインの変更をしない場合はURLがまったく同じページ、ドメインの変更をする場合は、ドメイン名以下のURLが同じページです。ドメインを変更する場合でも301リダイレクトの設定が簡単にでき、扱いやすい処理方法です。

移転：URLを変更する

　ディレクトリ構造を変更したり、HTMLファイルなどの名前を変更したりして、同じコンテンツでURLが変わる場合です。規則的なパターンで変わる場合は301リダイレクトの設定も比較的簡単ですが、1ファイルごとにディレクトリ構造やファイル名を不規則に変える場合は、扱いが面倒になります。

　変則的な移転のパターンも考えられます。例えば、2つのページを1つのページにまとめる場合、両方のページの内容が実際に存在しているならば、2つの旧ページから同じ新ページに移転する形にします。内容が異なる場合は移転とはせず、旧ページは次のページで解説する「削除」、新ページは「新規」の扱いとしましょう。301リダイレクトは「ペー

次のページに続く

ジの内容はそのままで移転した」ことを表すリダイレクトなので（ページのデザインは変わっても構いません）、内容がまったく違うページにリダイレクトしてしまうと、かえって評価が下がるおそれがあります。

逆に1つのページを2つのページに分ける場合は、最初に読んでほしいページに移転することにして、2ページ目は「新規」の扱いにします。この場合も、ページを分けたときに大きく内容も変えるようならば、旧ページは「削除」の扱いにした方がいいでしょう。

新規：新サイトで新規作成する

旧サイトにはなかったコンテンツを作る場合です。301リダイレクトの設定には無関係となります。

削除：新サイトには移転しない

新サイトには移転せず、削除します。この場合も301リダイレクトの設定には無関係ですが、移転にあたって削除するコンテンツが多い場合は、存在しないページにアクセスするユーザーが増えることを考慮しましょう。ファイルが削除されて404エラーになったときに表示する404エラーページで、代替となる情報やサイト内検索を提供するなどして、ユーザーが不便に感じないようにします。

対応表は、はじめはトップページなどの独立したページと、大きなカテゴリーごとに書いていきます。そして、カテゴリー内のページがすべて同じ処理ならば、それ以上細分化していく必要はありません。

カテゴリー内で、サブカテゴリーやページごとに入れ替えや増減があるなど処理が異なる場合は、カテゴリー内を細分化して表に書き込みます。徐々に細分化して、必要ならばHTMLファイル1つずつまで書いておきましょう。

◆ コンテンツの対応表の例

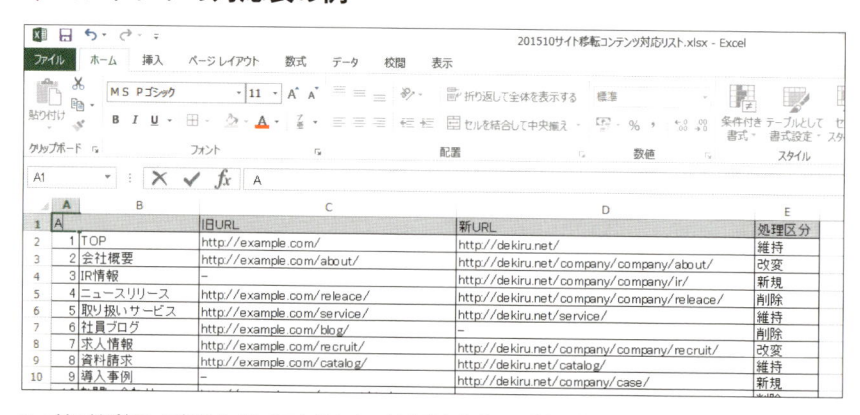

Excelなどを利用して新旧サイトのコンテンツの対応表を作成し、移転の情報を整理しておく。

画像やCSS、JavaScriptなどのファイルの移転も必要

　移転が必要なのはHTMLファイルだけではありません。画像ファイルやCSS、JavaScriptなどの外部ファイルの移転も考慮しましょう。ファイル自体は新サイトのサーバーにそのまま移転すればいいですが、参照するHTMLファイル側で、問題なく参照できるかを確認する必要があります。

　絶対パスで「http://example.com/img/title.png」のように旧サイトのURLを記述している場合は、HTMLを一括編集するなどして新サイトのURLに書き換えます。相対パスで「../img/title.png」のように記述している場合は、ディレクトリの階層が変わると参照できなくなることに注意します。

　コンテンツの対応表ができ、外部ファイルの参照のために必要な修正点を確認したら、ドメインの変更やサイト構造の変更を伴う移転の準備は完了です。新法則97では、301リダイレクトの実際の設定方法を解説します。

関連	新法則95　SEO効果を引き継ぐ「301リダイレクト」を理解する ……………………………P.218
	新法則97　リダイレクトは新旧URLの対応表から記述方法を選ぶ……………………………P.222

わかりやすい404エラーページを用意する

削除したコンテンツにアクセスしたユーザーのために、わかりやすい404エラーページを用意しましょう。「.htaccess」に「ErrorDocument 404 /notfound.html」と1行記述し、サイトのルートディレクトリに「notfound.html」というHTMLファイルを設置すると、404エラーページとして「notfound.html」が表示されるようになります。404エラーページでは、ページが存在しない旨を説明し、主要なメニューやサイト内検索など、ユーザーが必要としていた情報を見つけられるようにします。

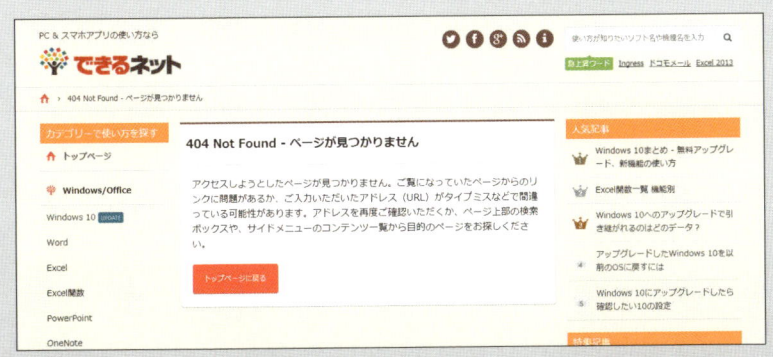

ほかのページと同じデザインにしてエラーの違和感を和らげ、サイト検索などを提供する。

新法則 **97**

リダイレクトの設定

リダイレクトは新旧URLの対応表から記述方法を選ぶ

新法則96で作った新旧URLの対応表をもとに、301リダイレクトの設定を行いましょう。規則性がある場合とない場合とで、記述方法が異なります。

■ リダイレクトするURLの規則性を反映してURLを置き換える

　旧サイトのページへのアクセスを新サイトの対応するページにリダイレクトする301リダイレクトは、「.htaccess」に記述して旧サイトのサーバーに設置します。リダイレクトの方法によって記述方法は異なりますが、ここでは、2種類のリダイレクトを想定した記述を解説します。

　サイト構造を変更せず全コンテンツをそのまま移転する場合は、下の「ドメインを移転する例」の2行のコードを記述します。これだけで、旧サイトページへのアクセスを、ドメインを置き換えた新サイトの同じページにリダイレクトできます。

　このリダイレクトは、URLの文字列を置き換える「mod_rewrite」モジュールを利用しています。mod_rewriteモジュールは、ディレクトリ名の置き換えなど、新旧のURLの対応に規則性がある場合に使われ、ディレクトリや同じ規則性を持つURLをまとめて1行でリダイレクトできるのが特徴です。

　下のコードはドメイン全体を移転するだけのシンプルな内容ですが、ディレクトリごとのリダイレクトでは、もっと複雑な記述が可能になります。実際の記述はエンジニアに依頼しましょう。

◆ ドメインを移転する例

```
RewriteEngine On
RewriteRule ^(.*)$ http://example.com/$1 [R=301,L]
```

1行目で「mod_rewrite」の利用を宣言し、2行目に301リダイレクトのためURLを置き換えるルールを記述している。上記のコードでは設置した旧サイトへのアクセスが「http://example.com/」に置き換えられ、例えば「http://ayudante.jp/」に設置した場合は「http://ayudante.jp/column001.html」へのアクセスが「http://example.com/column001.html」へと301リダイレクトされる。

■ URLを1対1で対応させてリダイレクトする

　新旧URLの対応に規則性がない場合には、下の「新旧URLを1対1で対応させた301リダイレクトの例」のように記述します。

　この記述方法は、1行ごとに旧サイトのURLと新サイトのURLを対応させて記述していくもので、mod_rewriteモジュールを利用した場合のような複雑さはありません。しかし、1つのURLにつき1行が必要になるので、リダイレクトするページ数が多い場合は数百〜数千行になる場合もあります。一から記述するのは大変ですが、新法則96で作成した対応表をもとに編集すれば比較的簡単に作成でき、ミスも減らせます。

　リダイレクトのための.htaccessを作成したら、いつでも新サイトをオープンできます。新法則98では、新サイトを公開して旧サイトから切り替える作業の中で、Search ConsoleとSEOに関連した重要な作業を確認します。

関連		
新法則95	SEO効果を引き継ぐ「301リダイレクト」を理解する	P.218
新法則96	コンテンツの引き継ぎは対応表を作ってまとめる	P.219

◆ 新旧URLを1対1で対応させた301リダイレクトの例

```
Redirect permanent /contents/11032.htm http://example.com/article/ramen-ichigaya2014.htm
Redirect permanent /contents/11033.htm http://example.com/article/parking-ichigaya.htm
```

301リダイレクトを意味する「Redirect permanent」のあと、旧サイトのページのURL（サイトのルートディレクトリから記述する）と新サイトのページのURLを対応させて1行ずつ記述する。

「すべてトップページにリダイレクト」は間違い

よくある301リダイレクトの誤用に、旧サイトのすべてのページから、新サイトのトップページにリダイレクトしているサイトがあります。旧サイトにアクセスしたユーザーを漏れなく新サイトに誘導することが目的なのだと思われますが、301リダイレクトはあくまでもページの移転を知らせるものなので、「旧サイトの商品紹介ページが新サイトのトップページに移転した」というような、おかしな状態になってしまいます。新法則96でも述べましたが、301リダイレクトで関連性の薄いページにリダイレクトすると、かえってSEOの評価を下げてしまうおそれがあります。正しい形で使いましょう。

新法則 98

サイト移転作業のチェックリスト

新サイト公開前後に必要な作業をリストアップする

新サイトを公開する、いわば「引っ越し当日」の作業をまとめます。リダイレクトの確認までをスムーズにできるようにしましょう。

■ 移転作業の流れの中で、SEOのためにやるべきこと

サイト移転の実行時には、慌ただしい中で必要な作業を忘れないようにする必要があります。ここでは、サイト移転の作業を新サイトの公開前、公開後、そして旧サイトからのリダイレクト開始後の3段階に分けて、各段階でやるべきことをリストアップします。

新サイトの公開前

新サイトのサーバーをアクセス可能な状態にし、ファイルを転送したりCMSを設定したりして、公開準備を進める段階です。Search Consoleで旧サイトと同様の設定を行いましょう。この段階で済ませておくべき作業は以下になります。

・新サイトをSearch Consoleに登録する（新法則94を参照）
・301リダイレクトに必要な「.htaccess」を用意する（新法則97を参照）

新サイトの公開後

新サイトのコンテンツがすべて揃い、公開された段階です。準備中のサイトにアクセス制限をかけていたら、解除していることを確認しましょう。まだ旧サイトからのリダイレクトは行わず、新サイトが問題なく表示できるかを確認します。[Fetch as Google]でサイトをクロール可能かテストして、クロールをリクエストします。サイトマップがあれば、この段階で追加しておきましょう。済ませておくべき作業は以下になります。

・Fetch as Googleでクロールをリクエストする（新法則3を参照）
・サイトマップを追加する（新法則8を参照）

旧サイトからのリダイレクト開始後

新サイトの動作を確認したら、旧サイトからのリダイレクトを開始します。htaccessを旧サイトに設置し、リダイレクトをテストしましょう。テストでは、次のページの手順を参考にして正しく301リダイレクトされていることを確認します。リダイレクトのテストも

OKだったら、やるべきことは1つだけです。

・ドメインの変更を知らせる（新法則99を参照）

　ここまで完了したら、サイト移転はひととおり完了です。しばらくの間、新旧のサイトを監視し、問題が発生してないか見ていきましょう。

関連 新法則100 移転の成否をインデックスステータスで確認する……………………………P.228

◆ デベロッパーツールで301リダイレクトを確認する

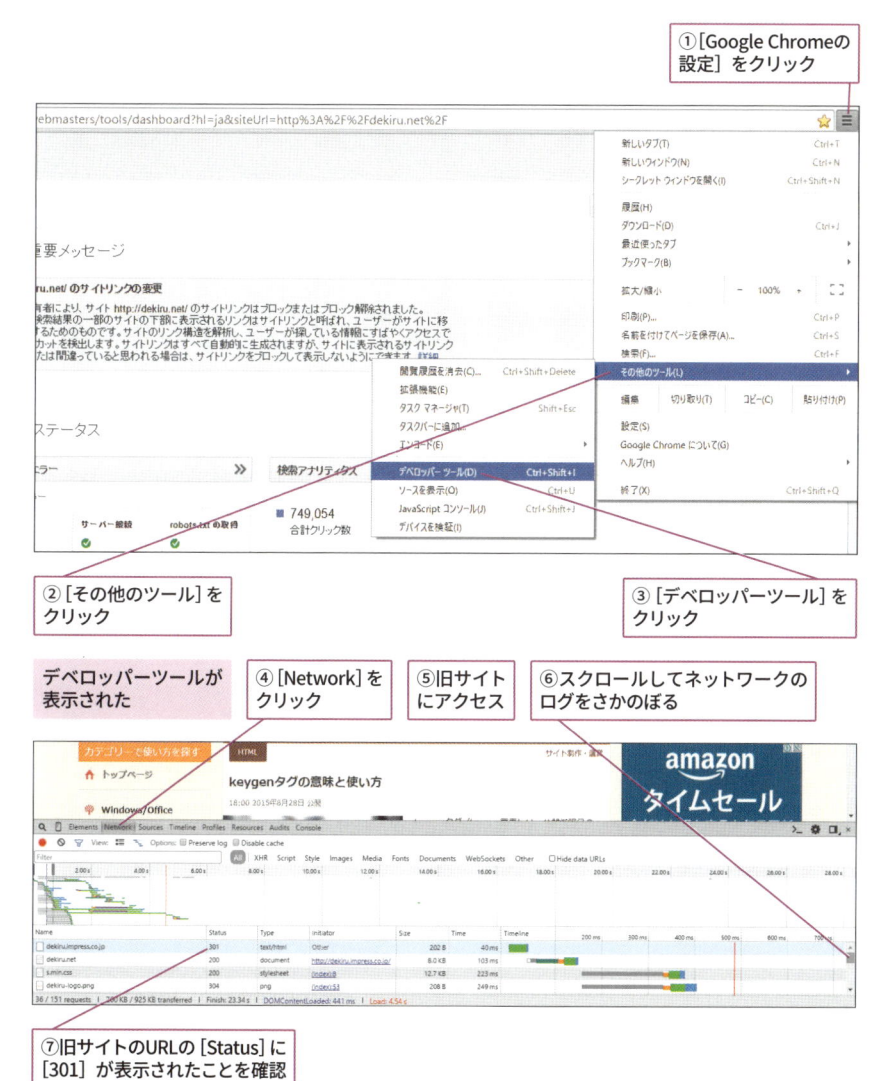

① [Google Chromeの設定] をクリック

② [その他のツール] をクリック

③ [デベロッパーツール] をクリック

デベロッパーツールが表示された

④ [Network] をクリック

⑤旧サイトにアクセス

⑥スクロールしてネットワークのログをさかのぼる

⑦旧サイトのURLの [Status] に [301] が表示されたことを確認

第5章 SEO上のトラブル防止と対処の新法則

新法則 99

アドレス変更ツール

ドメインの変更を確実にGoogleに知らせる

Googleにドメインの変更を知らせて、データベースの更新をリクエストしましょう。移転の重要な設定ができているかの確認もできます。

■ 移転が問題なく行われたことを確認してから行う

　サイトの移転でドメインが変更になると、Googleは301リダイレクトを検知して、旧サイトに代わってインデックスしていきます。このインデックスがより確実にできるように、Googleに［アドレス変更のリクエスト］を送信してドメインの変更を知らせるのが［アドレス変更ツール］の役割です。ドメインの変更がない場合は、このツールを使う必要ありません。

　［アドレス変更ツール］を使わないとドメインの変更が認識されないというわけではありませんが、確実性を高めることができ、［アドレス変更のリクエスト］を送信する前の3つのチェック項目で、サイト移転の重要な作業ができているかの確認にもなります（不備がある場合はボタンがクリックできないようになっています）。

　チェック項目の「1 リストから新しいサイトを選択する」は、新法則94を参考にSearch Consoleに新サイトを登録しておけばクリアできます。「2 301リダイレクトが正常に動作していることを確認する」は、新法則96、97を参考に301リダイレクトの設定をしていれば大丈夫です。「3 確認方法がまだ残っていることを確認する」は、新旧サイトの所有権が確認できる状態にしておきます。「基本2」と新法則88を参考にしてください。

　以上の状態を確認したら、リクエストを送信できます。送信完了後は、新法則100を参考に、新サイトのインデックスを確認していきます。

サブドメイン名の変更や常時SSL化には対応していない

新法則93では、サブドメインの変更やサイトの常時SSL化もドメインの変更にあたると解説しました。しかし、［アドレス変更ツール］はメインのドメインが変更になる場合だけに利用でき、2015年8月現在では、サブドメインの変更やサイトの常時SSL化に対応していません。このツールは使わずに、新サイトのインデックスを待ちましょう。

第5章　SEO上のトラブル防止と対処の新法則

◆ アドレス変更ツールで新しいドメインを指定する

①歯車のアイコンをクリック
②[アドレス変更]をクリック

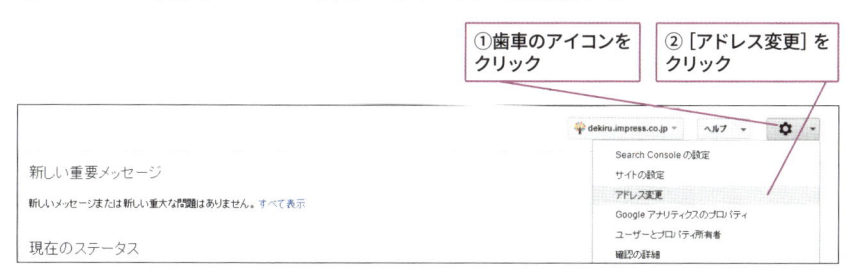

③移転するサイトのドメインを選択

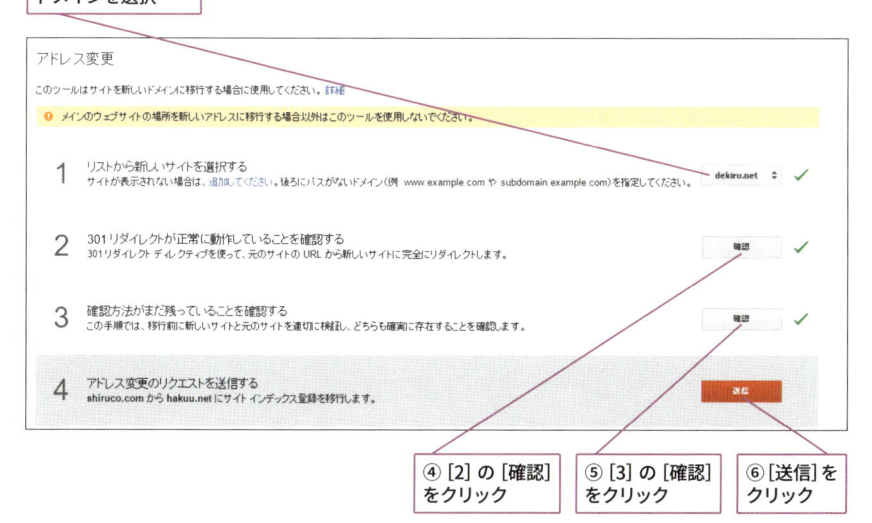

④[2]の[確認]をクリック
⑤[3]の[確認]をクリック
⑥[送信]をクリック

[送信完了]が表示された

[取り消し]をクリックするとアドレス変更を取り消すことができる

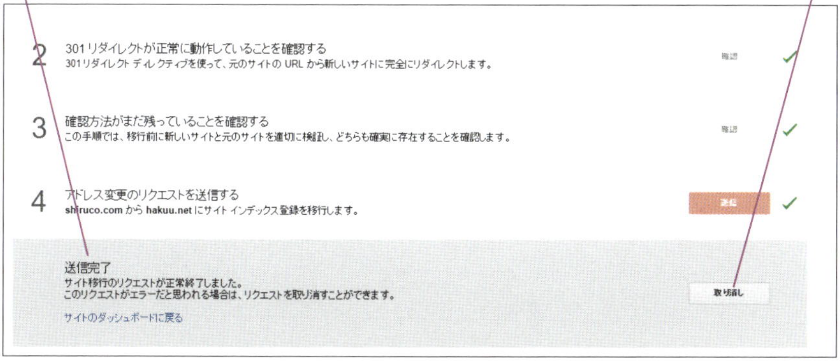

第5章 SEO上のトラブル防止と対処の新法則

| 関連 | 新法則93 | SEO効果を失わないサイト移転の方法を理解する……………………………P.214 |
| 新法則100 | 移転の成否をインデックスステータスで確認する……………………………P.228 |

できる | 227

新法則 100

サイトの監視と旧サイトの扱い

移転の成否をインデックスステータスで確認する

移転作業がひととおり完了しても、すべてが終わりではありません。問題なく新サイトに移行できているかを監視しましょう。

■ 新旧サイトのアクセス状況を監視する

　サイトの移転作業がひととおり完了したあとは、新サイトのサーバーが問題なく動作し、リダイレクトも適切に行われて、訪問したユーザーが新サイトを利用できているかを監視していく必要があります。

　サイトの監視はエンジニアがサーバーのアクセスログやエラーログを詳細に見ていくのが一般的ですが、アクセス解析サービスで新旧サイトの情報を見ることで、訪問したユーザーの利用状況も確認できます。Googleアナリティクスの［リアルタイム］画面ではリアルタイムのアクセス状況がわかります。サイト担当者も、移転から1週間〜数週間程度は旧サイトのときと同様にアクセスがされているかを注意して見るようにしましょう。

■ Search Consoleでは［インデックスステータス］などを見る

　移転から数日が経過してSearch Consoleの情報が更新されるのを待って、適切に新サイトがクロールされ、インデックスされているかを確認します。

　まずは新法則9を参考に、［インデックスステータス］画面で、ドメインを変更した場合は新サイトのインデックスが増加し、同時に旧サイトのインデックスが減少しているかを確認します。ドメインを変更していない場合はインデックスの増減は起こらないはずなので、移転前後で大きな減少がないかを確認しましょう。コンテンツを見直してページの削除や追加を行った場合はその限りではないので、ページの増減が反映されることを考慮します。

　併せて、新法則10、11を参考に［クロールエラー］画面を確認し、想定外のエラーが発生していないことを確認しましょう。ページを多数削除したときは［見つかりませんでした］のエラーが増えることが想定されますが、301リダイレクトの設定ミスなどで、想定外のページまで［見つかりませんでした］になっている可能性もあります。数字が動いているときは、どのURLでエラーが起きているかを確認しておきましょう。

旧サイトはリダイレクトに必要ならば残しておく

　新旧のサイトを1カ月程度監視し、新サイトへの移行が問題なく行われたことが確認できたら、旧サイトの扱いを考えます。

　ドメインを変更せずにサーバー環境だけを変更した場合は、旧サイトは不要になるので、閉鎖して問題ありません。

　しかし、ドメインを変更した場合は、リダイレクトのために旧サイトが必要です。Googleで新サイトを認識するようになっても、旧サイトを閉鎖するとリダイレクトができなくなるため、旧サイトのままの外部リンクをたどって訪問するユーザーは新サイトを訪問できなくなってしまいます。また、旧サイトのURLへの外部リンクの評価が、新サイトに引き継がれなくなる場合があります。

　旧サイトのコンテンツは削除してしまってかまいませんが、リダイレクトのために旧サイトは残しておくべきです。リダイレクトだけができればいいので、強力なサーバーは必要ありません。サーバー環境を新サイトと統合するなどしてもいいでしょう。

　併せて、新サイトにリンクを張り直してもらうように依頼できる外部リンク元には、張り直しを依頼しましょう。リダイレクトに頼りきらず、外部リンクを新サイトに向けてもらうようにします。

関連
新法則95　SEO効果を引き継ぐ「301リダイレクト」を理解する ………………………… P.218
新法則97　リダイレクトは新旧URLの対応表から記述方法を選ぶ ………………………… P.222

◆ Googleアナリティクスでリアルタイムのアクセス状況を見る

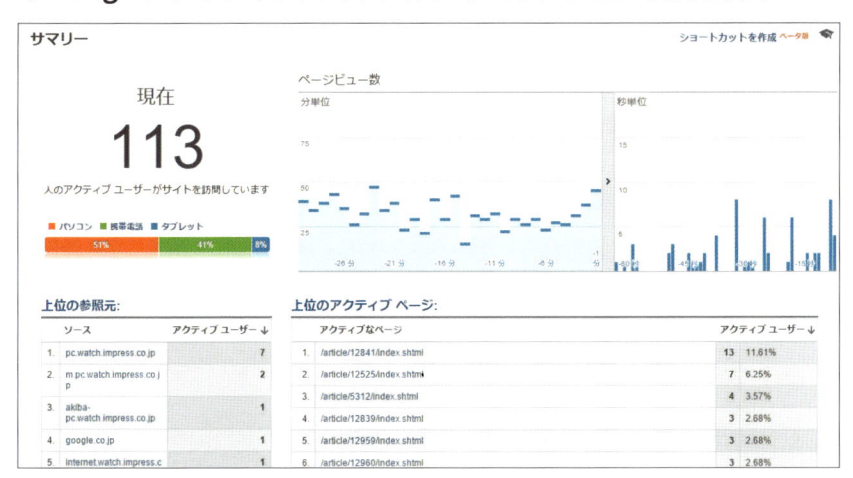

Googleアナリティクスの[リアルタイム]レポートでは、今現在のアクセス状況が表示され、サーバーが正常に動作していることを確認できる。リダイレクトがされていると、参照元に旧ドメインが表示される。

■リダイレクト失敗でデータベースから削除……。現場でよくあるSEOのミス

　本書の最後に、SEOの現場でよくあるミスと、その対処方法を紹介します。よくあるミスの筆頭と言えるのが、サイト移転やリニューアル時の「301リダイレクトの設定ミス」です（新法則96、97を参照）。リダイレクトした先のURLの記述をミスして404エラーを起こしたまま気付かずにいると、Googleはデータベースからページを削除します。気付いたときにはサイトへの流入が減っていて、再度インデックスされるところからやり直しになりかねません。

　サイトの移転前には、リダイレクトが正しく機能しているかを念入りに確認する必要があります。また、Search Consoleでは［クロールエラー］のレポート（新法則12を参照）をチェックすることで、このようなミスによる影響を軽減できます。サイト移転後に［見つかりませんでした］が増えてきたら、リダイレクトの設定ミスを疑うべきです。

　次によくあるミスが「robots.txtの記述ミス」です。本書では紹介していませんが、robots.txtでは「正規表現」と呼ばれる記述方法が利用できますが、記述が複雑なため、ミスによりクロールされるべきディレクトリまでブロックしてしまう失敗も起こります。［robots.txtテスター］（新法則18を参照）で、ブロックしたいページのブロックを確認するだけでなく、サイト内の主要なURLがブロックされていないことも確認しましょう。

　似たようなミスとして挙げられるのが、［URLパラメーター］（57ページを参照）の設定ミスです。本書では、URLパラメーターを正確に把握している人以外は設定の変更はしないでおきましょうと説明していますが、役割を理解していないURLパラメーターの設定を変えることで、クロールに大きな悪影響が出てしまうことがあります。

　このように、SEOの施策では、ミスによってサイトの集客に致命的な影響を与えてしまうものもあります。Search Consoleには、こうしたミスを未然に防ぐ機能や、被害を最小限に抑えるヒントとなる情報が得られるレポート機能が備えられています。施策の前後は、注意深くSearch Consoleを確認するようにしましょう。

用語集

.htaccess（ドットエイチティアクセス）
Apache HTTP Serverの設定をディレクトリレベルで制御するためのファイル。サイト移転で必要になる「301リダイレクト」は、この.htaccessに記述することで適用できる。
→Apache HTTP Server、リダイレクト

Apache HTTP Server（アパッチ エイチティティピー サーバー）
世界中でもっとも普及しているウェブサーバーソフトウェア。Linux環境で動作しているほとんどのウェブサイトで使用されている。Windows環境ではIIS（Internet Information Services）というソフトウェアがよく利用される。

CMS（シーエムエス）
Contents Management Systemの略で、決められた方法で記事や画像を登録することで自動的にウェブページを生成、管理できるシステム。WordPressやMovable Typeなどが広く使われているが、独自に開発したシステムを使っているサイトもある。

CSS（シーエスエス）
Cascading Style Sheetsの略で、ウェブページのレイアウトやデザインを指定する仕様。Goooglebotは CSSを読み込み、レンダリングできる。
→Googlebot、レンダリング

CTR（シーティアール）
Click Through Rateの略で、クリック率という意味。Google Search Consoleの［検索アナリティクス］画面においては、クリック数を表示回数で割った数値となる。

Googlebot（グーグルボット）
Googleの検索エンジンのクローラーの名称。パソコン向けのサイト用、モバイルサイト用など複数のGooglebotが存在し、それぞれのユーザーエージェントも公開されている。
→ユーザーエージェント

HTTPステータスコード（エイチティティピーステータスコード）
ウェブサーバーとのHTTP通信のレスポンス状態を表す3桁の数字。百の位でおおよその意味を表し、残り2桁で細かな状況を表す。例えば「404」は「未検出」で、リクエストしたURLが存在しないことを意味する。
→URL

JavaScript（ジャバスクリプト）
主にブラウザー上で動作するプログラミング言語の1つ。動作環境の準備が容易であること、ウェブとの

親和性が非常に高いことから幅広く浸透している。

robots.txt（ロボッツテキスト）
Googlebotなどのあらゆるクローラーに対して、クロール可能な範囲の制限を行うためのファイル。クローラーはこのファイルの記述に従う必要があるが、一部のクローラーは無視する場合がある。
→Googlebot

SEO（エスイーオー）
Search Engine Optimizationの略で、検索エンジン最適化という意味。サイトのコンテンツを、コンテンツ発信者の立場ではなく、検索エンジンを利用するユーザーの立場で作成することにより、検索エンジンからの流入を増加させる考え方。

URL（ユーアールエル）
Uniform Resource Locatorの略で、インターネット上に存在するリソース（文書や画像など）の場所を表す文字列。ウェブ世界ではサイトを表示するためのアクセス先を表す（例：http://dekiru.net）。

URLの正規化（ユーアールエルノセイキカ）
特定のページへアクセスできるURLが複数パターンある場合に、「link」要素の「canonical」属性を使用して1つのURLに集約することを表す。URLパラメータを持つような動的なページでは特に注意が必要。

アンカーテキスト
HTML文書中で、リンクが設定された文字列のこと。SEOでは、キーワードを含むアンカーテキストでリンクを張られているページは、そのキーワードに対する評価が高いとされる傾向がある。リンク先で対策しているキーワードをアンカーテキストに含んでリンクを設置することが重要。

インターナショナルターゲティング
特定の言語を話す特定の国のユーザー向けにウェブサイトを運営している際に、検索結果において適切な言語や国のページを表示させるためのターゲティング方法。ターゲティングの方法には、URLレベルのターゲティングとサイト全体で施策するターゲティングが存在し、それぞれ実装方法は異なる。

インデックス
検索エンジンにおけるインデックスとは、ページがクロールされて検索エンジン側にページ情報が保存されることを表す。検索エンジンにインデックスされていないページは検索結果に表示されない。

クローキング
サイト側で細工を行い、同じURLであっても一般のユーザーとGooglebotで異なるコンテンツを返す手法。悪意のあるSEOとして行われることがあるが、クローキングが判明した時点でGoogleよりペナルティを受けるける。

クロール
Googlebotなどのソフトウェアが自動的にウェブサイトにアクセスし、その情報を収集することを表す。最近ではJavaScriptも実行できるクローラーも増えており、実際にユーザーがアクセスした場合とほぼ同等の情報を収集できる。

検索ボリューム
検索エンジンで検索されている数量を測るための指標名。ツールによって定義が異なり、キーワードプランナーであれば「月間平均検索ボリューム」を指し、キーワードウォッチャーであれば「検索数」を指す。

サイトマップ
クローラーがサイトの巡回を行いやすくするために、サイト内の各ページのURLやその重要度、更新頻度などを「XML」と呼ばれる形式のテキストファイルにまとめたもの。サイトマップがなくてもサイトはクロールされるが、作成しておくとより早く確実にGoogleにサイト構造を通知できる。
→クロール

サイトリンク
クローラーがサイト内で重要と判断したページへのリンクを検索結果に表示するもの。サイト内の「a」要素内のテキストや画像の「alt」属性を参照して自動的に設定されるため、これらの設定を正しく行う必要がある。

スパム
スパムメールなど、迷惑行為の総称。SEOの場合は不正な処理によって上位表示を狙うことを表す。クローキングや不正な外部リンクなどがそれにあたる。
→クローキング

ビューポート
ページの表示幅や拡大縮小などを定義するための設定。HTML内の「meta」要素に記述する。ビューポートの設定が存在しない場合は、980ピクセルの固定幅になる。
→レスポンシブウェブデザイン

ペナルティ
スパム行為を行ったサイトやガイドラインに適さないサイトなどに対してGoogleが施す、検索結果の順位を下げる、表示させなくするなどの処置。ペナルティを解除するには、原因の究明、修正と再発の防止をGoogleに申請し承認される必要がある。
→スパム

モバイルフレンドリー
サイトをスマートフォンなどのモバイル端末に最適化し、ユーザーがストレスなく使用できるようにすること。Googleではそのガイドラインやテストツールを提供している。

ユーザーエージェント

ウェブにおいては、ウェブサイトへのアクセスに使用されるソフトウェアまたはハードウェアを指す。ブラウザーやクローラーもユーザーエージェントの一種。

ランディングページ

ユーザーが検索結果からサイトを訪問した際、最初に表示されるページ。リスティング広告などでは広告用に作成された専用のランディングページを用意するが、SEOではサイト内の通常ページがランディングページとなる。

リダイレクト

あるURLへのアクセスに対して、自動的にほかのURLに転送する処理のこと。サーバー上のプログラムで行うもの、クライアント（ブラウザー）側で行うものなど、いくつかの方法が存在する。リダイレクト後のページから、さらにリダイレクトするような複数回のリダイレクトは推奨されない。
→.htaccess

リッチスニペット

Googleの検索結果にタイトルや説明文だけでなく、パンくずリストやサムネイル画像、商品レビューなどを表示し、検索ユーザーがページの内容や検索キーワードとの関連性を把握できるようにするもの。リッチスニペットを表示するには、指定されたマークアップ形式でHTMLを記述（構造化）する必要がある。

レスポンシブウェブデザイン

パソコン、スマートフォンやタブレットなど、それぞれのデバイスに最適化したウェブサイトを、HTMLで指定したビューポートとCSSのメディアクエリを用いて1つのHTMLで実現する制作手法。ブラウザーの画面サイズに合わせて、CSSレイアウトを自動的に調整するため、HTMLテンプレートの開発工数を下げられることがメリット。デザインにはある程度の成約が発生する。
→CSS、ビューポート

レンダリング

データの集合情報から画像や音声などを生成すること。ウェブではブラウザーがHTMLを読み込んでページを表示することをレンダリングと呼ぶことが多い。

索引

記号・数字・アルファベット

- (not provided) ······ 16
- .htaccess ······ 196, 231
  - 404エラーページ ······ 221
  - 503エラー ······ 197
  - リダイレクト ······ 222
- 301リダイレクト ······ 218
  - 確認 ······ 225
  - 効果 ······ 218
- 404エラー ······ 48
  - 404エラーページ ······ 221
  - 原因 ······ 48
- 500エラー ······ 50
- 503エラー ······ 50
  - 503エラーの表示 ······ 197
  - メンテナンス ······ 196
- Apache HTTP Server ······ 196, 231
- canonical ······ 130
- CMS ······ 128, 231
  - CMSの更新 ······ 208
- CSS ······ 231
  - インライン化 ······ 190
  - 縮小 ······ 186
  - 長さ ······ 190
  - ファイルのブロック ······ 70
- CSV ······ 33
- CTR ······ 86, 231
- DNS ······ 44
- Fetch as Google ······ 30
  - Googlebotの種類 ······ 68
  - インデックスに送信 ······ 30
  - 取得 ······ 31
  - ダウンロード時間 ······ 68
  - リクエストの上限 ······ 69
  - レンダリング ······ 66
- FileZilla ······ 20
- Flash ······ 135
- Google AdWords ······ 119
- Google Search Console
  - 新しい所有者 ······ 206
  - オーナー ······ 76
  - オーナーの削除 ······ 76
  - サイトの追加 ······ 21
  - 所有権確認の履歴 ······ 207
  - 所有権の確認 ······ 22
  - ダウンロード ······ 32
  - データの特性 ······ 32
  - ディレクトリごとの追加 ······ 74
  - プロパティの追加 ······ 75
  - ホーム画面 ······ 23
  - メール通知 ······ 36
  - メッセージ ······ 34
  - ユーザー権限 ······ 77
  - ユーザーの削除 ······ 76
  - ユーザーの追加 ······ 77
  - 利用できないサイト ······ 20
- Googlebot ······ 26, 231
- Googleアナリティクス
  - アドバンスフィルタ ······ 106
  - メールレポート ······ 112
  - モーショングラフ ······ 108
  - ランディングページの分析 ······ 110
  - 連携の設定 ······ 105
- Googleウェブマスターツール ······ 16
- Googleセーフブラウジング診断 ······ 198
- Googleドライブ ······ 32
- Googleトレンド ······ 116
- HTMLの改善 ······ 124
- HTMLの縮小 ······ 186
- https ······ 215
- HTTPステータスコード ······ 46, 231
- JavaScript ······ 231
  - インライン化 ······ 190
  - 縮小 ······ 186
  - 非同期的な読み込み ······ 191
  - ファイルのブロック ······ 70
- Microsoft Silverlight ······ 135
- mod_rewrite ······ 196
- noindex ······ 61
- PageSpeed Insights ······ 180
  - CSSの縮小 ······ 186
  - HTMLの縮小 ······ 186
  - JavaScriptの縮小 ······ 186
  - 圧縮を有効 ······ 183
  - 画像最適化 ······ 184
  - キャッシュの活用 ······ 183
  - コンテンツの優先順位 ······ 189
  - サーバーの応答時間短縮 ······ 183
  - 最適化されたファイル ······ 184

スクロールせずに見える範囲	189	適切な形式	184
複数回のリダイレクト	188	要素の記述	98

robots.txt ················ 58, 232
    robots.txtテスター ············· 59
    記述方法 ······················ 58

SEO ························ 80, 232
    昔のSEO ······················· 81

SEO改善
    CTRが低い ···················· 102
    掲載順位が低い ················ 100

URL
    クロール ······················ 30
    統一 ··························· 37

URLの削除 ······················ 62
    期間 ··························· 62
    削除のリクエスト ·············· 63

URLの正規化 ················ 130, 232
    注意点 ························ 132
    分割したページでの正規化 ····· 133

URLパラメータ ··················· 57
    多くのURL ···················· 209

XML ··························· 40

ア

アドレス変更ツール ············· 226
アンカーテキスト ········ 84, 154, 232
インターナショナルターゲティング · 72, 232
    rel-alternate-hreflangアノテーション · 72
    地域ターゲット ················ 73
インデックス ·············· 26, 232
    インデックス状況を調べる ····· 115
    インデックスできないファイル形式 · 135
インデックスステータス ······ 42, 228
    詳細 ··························· 65
    対応が必要な変動 ·············· 42
    ロボットによりブロック済み ···· 65
インデックスの拒否 ·············· 61

カ

外部リンク
    サイトへのリンク ············· 154
    スパムの可能性 ··············· 156
    否認 ······················ 210, 212
隠しテキスト ············· 84, 202
画像の最適化
    ダウンロード ················· 185
    使い方の最適化 ··············· 184

カノニカル ···················· 130
キーワード ····················· 26
    キーワードツール ············· 118
    選定 ··························· 80
    自然な文章 ···················· 81
キーワードウォッチャー ········ 118
キーワードプランナー ·········· 119
競合するページの分析 ············ 88
クエリ ························· 26
クローキング ··················· 232
クロール ·················· 26, 232
    クロールのリクエスト ·········· 30
    統計情報 ······················ 54
    ブロック ······················ 56
    リクエスト ···················· 30
検索アナリティクス ·············· 86
    画像検索 ······················ 99
    キーワードのフィルタ ·········· 90
    期間の比較 ···················· 96
    グループ ······················ 87
    検索タイプ ···················· 99
    指標 ··························· 87
    ダウンロード ················· 103
    ディレクトリの絞り込み ········ 94
    並べ替え ····················· 101
    比較 ··························· 97
    表示上限 ······················ 86
    ランディングページ ············ 92
検索結果からの削除 ·············· 62
検索させない方法 ················ 56
検索される必要がないページ ···· 128
検索ボリューム ················ 233
    概算値の調査 ················· 118
    変動の要因 ··················· 116
構造化データ ·················· 136
    Microdata ················ 138, 142
    RDFa ························ 142
    Schema.org ·················· 138
    商品 ·························· 148
    ソース ······················· 138
    長期的な視点 ················· 149
    データタイプ ················· 138
    データハイライター ··········· 150
    フォーマット ················· 138
構造化データテストツール ······ 144

エラーの対処 ･････････････････････ 146
　　商品 ････････････････････････････ 147
　　テンプレート ････････････････ 141, 147
　　パンくずリスト ････････････････････ 141
コンテンツ ･･････････････････････････ 82
　　本文の要素 ･･････････････････････ 83
コンテンツキーワード ･････････････････ 114

サ

サイト移転 ････････････････････････ 214
　　アドレス変更 ････････････････････ 226
　　移転後の監視 ･･･････････････････ 228
　　旧サイトの閉鎖 ･････････････････ 229
　　コンテンツの対応表 ･････････････ 219
　　ドメインの健全性 ･･･････････････ 217
　　ファイルの移転 ･････････････････ 224
　　リダイレクト ･････････････････････ 218
サイトエラー ････････････････････････ 44
　　DNSのエラー ････････････････････ 44
　　robots.txtの取得エラー ･････････ 45
　　URLエラー ･･････････････････ 48, 50
　　サーバー接続のエラー ･･･････････ 45
　　修正済み ････････････････････････ 52
　　モバイルのエラー ････････････････ 51
サイトの隔離 ･･････････････････････ 196
サイトへのリンク ･･････････････････ 154
サイトマップ ･･････････････････ 40, 233
サイトリンク ･････････････････ 160, 233
　　サイト内検索ボックス ･･･････････ 161
　　順位を下げる申請 ･･････････････ 162
　　正確なURLの入力 ･････････････ 162
サブドメイン ････････････････････････ 38
シークレットウィンドウ ････････････････ 88
手動による対策 ･････････････････････ 204
常時SSL化 ････････････････････････ 215
使用するドメイン ･･････････････････････ 37
スニペット ････････････････････････････ 83
　　アピール不足 ･･･････････････････ 102
　　タイトル ･･････････････････････････ 82
　　メタデータ ･･･････････････････････ 82
　　リッチスニペット ････････････････ 136
スパム ･････････････････････････････ 233
　　ガイドライン ････････････････････ 200
　　再審査 ･････････････････････････ 205
　　再発防止策 ････････････････････ 205
　　自動ペナルティ ･････････････････ 204
　　手動による対策 ････････････････ 204

セキュリティの問題 ･･･････････････････ 198
　　バックアップからの復旧 ･･･････････ 199
　　メンテナンス告知 ･････････････････ 196
ソフト404 ･･･････････････････････････ 52

タ

代替情報 ･･･････････････････････ 98, 135
タイトル ････････････････････････････ 82
　　重複 ･････････････････････････････ 124
　　文字数 ･･･････････････････････････ 126
ダウンロード時間 ･･････････････････････ 54
データハイライター ･･････････････････ 150
　　削除 ･･････････････････････････ 153
　　タグ付け ･･････････････････････ 151
　　ページセット ･･･････････････････ 152
ディレクトリ ････････････････････････ 94
デベロッパーツール ･･･････････ 187, 225
トラブル対処の体制 ･････････････････ 194

ナ

内部リンク ･････････････････････････ 158
ナビゲーショナルクエリ ･････････････ 102
ナレッジグラフ ････････････････････ 137

ハ

パーソナライズ ･････････････････････ 88
派生語 ･････････････････････････････ 118
ハッキング ････････････････････････ 198
パンくずリスト
　　構造化データ ･･････････････････ 142
　　スニペット ････････････････････ 140
パンダアップデート ･････････････････ 42
ビューポート ･････････････････ 173, 233
品質に関するガイドライン ･･････････ 200
　　基本方針 ･･････････････････････ 200
　　具体的なガイドライン ･･･････････ 201
　　クローキング ････････････････････ 202
　　質の低いコンテンツ ･･･････････ 201
　　不正なリダイレクト ････････････ 202
　　不正なリンク ････････････････････ 202
フィーチャーフォン ･･････････････････ 51
古いコンテンツの削除 ･･････････････ 62
ブロック ･･････････････････････････ 58
ブロックされたリソース ･･････････････ 70
　　CSS ･････････････････････････ 70
　　JavaScript ･･････････････････ 70

分割したページ
　　正規化 ･････････････････････････ 133
　　重複 ････････････････････････････ 134
ページネーション ･････････････････････ 133
ペナルティ ･････････････････････ 204, 233
ペンギンアップデート ･･･････････････ 42

マ

マルウェア ･･････････････････････････ 198
メールレポート ･････････････････････ 112
メタデータ ･･････････････････････････ 82
　　重複 ････････････････････････････ 124
　　文字数 ･････････････････････････ 127
メディアクエリ ･････････････････････ 174
メンテナンス ･･･････････････････････ 196
　　メンテナンス告知ページ ･･･････ 197
モーショングラフ ･･･････････････････ 108
　　指標の設定 ････････････････････ 109
　　バブルチャート ･･･････････････ 108
モバイルフレンドリー ･････････････ 233
　　影響の範囲 ････････････････････ 167
　　スマホ対応ラベル ･････････････ 166
　　スマホ対応ラベルの条件 ･･････ 169
　　モバイル対応の方法 ･･･････････ 168
　　モバイルフレンドリーアップデート ･････ 166
モバイルフレンドリーテスト ･･･････ 178
モバイルユーザビリティ ･･･････････ 170
　　CSSの単位 ･･････････････････････ 176
　　タップ要素 ････････････････････ 177
　　テスト ･････････････････････････ 178
　　ビューポート ･･････････････････ 173
　　フォントサイズ ･･･････････････ 176

ヤ

ユーザーエージェント ･････････････ 233
有料リンク ･････････････････････････ 156

ラ

ランディングページ ･･･････ 92, 110, 233
リダイレクト ･･･････････････････････ 234
　　301リダイレクト ･･････････････ 218
　　複数回のリダイレクト ･････････ 188
リッチコンテンツ ･･･････････････････ 135
リッチスニペット ･･･････････････ 136, 234
　　商品 ･･･････････････････････････ 147
リンク ･･････････････････････････････ 84
　　alt属性 ････････････････････････ 84

アンカーテキスト ･････････････････ 84
外部リンク ･････････････････････ 85
スパム ･････････････････････････ 84
内部リンク ･････････････････････ 85
わかりやすさ ･････････････････ 84
リンクの否認
　　アップロード ･･････････････････ 212
　　ドメインの否認 ･･･････････････ 210
　　否認リスト ････････････････････ 211
　　編集と削除 ････････････････････ 212
レスポンシブウェブデザイン ････ 172, 234
　　ビューポート ･･････････････････ 173
　　メディアクエリ ･･･････････････ 174
レスポンスコード ･･･････････････････ 46
レンダリング ･･･････････････････ 66, 234
　　優先度 ･････････････････････････ 189

●著者

村山佑介（むらやま ゆうすけ）

不動産会社のインハウスWeb担当者として4年間従事。インハウスを主体としたSEOやリスティング広告、アクセス解析に取り組み、Webサイト改善から業務の改善まで幅広く行う。現在はアユダンテ株式会社のSEOコンサルタントとして企業のコンサルティングを行う。
ムラウェブドットコム http://seo.muraweb.net/blog/

井上達也（いのうえ たつや）

システム開発とは無縁の環境からWebプログラマーの世界に飛び込み、5年間LAMP環境を中心としたシステム開発に従事。CMSやWeb APIの構築、ソーシャルゲームの開発や運用など多数のプロジェクトに携わる。アユダンテ株式会社入社後はこれまでの経験を生かしたSEOコンサルティングのシステム要件サポート、Googleタグマネージャを利用したサイト計測設定などを行う。

アユダンテ株式会社

2006年2月設立。SEOをはじめとしたWebマーケティング、コンサルティングと、ソフトウェア開発・運営事業に取り組む。2010年には日本初のGACP（Googleアナリティクス認定パートナー）となり、Googleアナリティクスプレミアムの販売、導入支援などにも力を入れる。

●STAFF

カバーデザイン	株式会社ドリームデザイン
本文フォーマットデザイン	株式会社ドリームデザイン
	柏倉真理子<kasiwa-m@impress.co.jp>
DTP制作	株式会社トップスタジオ
制作協力	町田有美
デザイン制作室	今津幸弘<imazu@impress.co.jp>
	鈴木 薫<suzu-kao@impress.co.jp>
編集	山田貞幸<yamada@impress.co.jp>
デスク	小渕隆和<obuchi@impress.co.jp>
編集長	藤井貴志<fujii-t@impress.co.jp>

本書のご感想をぜひお寄せください

http://book.impress.co.jp/books/1114101028

読者登録サービス CLUB impress
アンケート回答者の中から、抽選で**商品券（1万円分）**や**図書カード（1,000円分）**などを毎月プレゼント。当選は賞品の発送をもって代えさせていただきます。

●本書は、Google Search Consoleと関連サービスについて、2015年8月時点での情報を掲載しています。紹介している使用方法は用途の一例であり、すべてのサービスが本書の手順と同様に動作することを保証するものではありません。
●本書の内容に関するご質問は、書名・ISBN・お名前・電話番号と、該当するページや具体的な質問内容、お使いの動作環境などを明記のうえ、インプレスカスタマーセンターまでメールまたは封書にてお問い合わせください。電話やFAX等でのご質問には対応しておりません。なお、本書の範囲を超える質問に関しましてはお答えできませんのでご了承ください。
●落丁・乱丁本はお手数ですがインプレスカスタマーセンターまでお送りください。送料弊社負担にてお取り替えさせていただきます。但し、古書店で購入されたものについてはお取り替えできません。

■**読者様のお問い合わせ先**
インプレスカスタマーセンター
〒101-0051　東京都千代田区神田神保町一丁目105番地
電話　03-6837-5016　／　FAX　03-6837-5023
info@impress.co.jp

■**書店／販売店のご注文窓口**
株式会社インプレス 受注センター
TEL　048-449-8040
FAX　048-449-8041

できる100の新法則
Google Search Console
これからのSEOを変える基本と実践

2015年9月21日　初版発行

著　者　アユダンテ株式会社（村山佑介・井上達也）＆ できるシリーズ編集部
発行人　土田米一
発行所　株式会社インプレス
　　　　〒101-0051　東京都千代田区神田神保町一丁目105番地
　　　　TEL　03-6837-4635（出版営業統括部）
　　　　ホームページ　http://book.impress.co.jp

本書は著作権法上の保護を受けています。本書の一部あるいは全部について（ソフトウェア及びプログラムを含む）、株式会社インプレスから文書による許諾を得ずに、いかなる方法においても無断で複写、複製することは禁じられています。

Copyright © 2015 Ayudante, Inc. and Impress Corporation. All rights reserved.

印刷所　株式会社廣済堂
ISBN978-4-8443-3885-7　C3055

Printed in Japan